国家科技进步奖获奖丛书

物理改变世界

修订版

数字文明
物理学和计算机
Physics and Computer

郝柏林　张淑誉　著

科学出版社
北京

内 容 简 介

电子计算机的发展使人类进入了数字文明时代。计算机原来应物理学的需求而出现，也由物理学准备了它诞生的物质条件。在 20 世纪，物理学首先成为立足于实验、理论和计算三大支柱之上的成熟的科学。在 21 世纪，包括生命科学在内的整个自然科学正在沿相似的道路前进。电子计算机正在全面进入生产技术、科学研究和社会生活的各个领域，彻底改变着整个人类文明的进程。

本书从数字文明的高度回顾了物理学与计算机相辅相成的历史，讨论了计算机和计算机中的物理，分析了计算机发展所面临的物理限制和物理学为未来计算技术所提供的可能前景。本书内容丰富、取材多面，可帮助理工科大学生、研究生以及物理和计算机专业的科学技术工作者开阔眼界、了解全局，为进一步深入钻研准备背景知识。

图书在版编目（CIP）数据

数字文明：物理学和计算机 / 郝柏林，张淑誉著.—北京：科学出版社，2017.5

（物理改变世界）

ISBN 978-7-03-047724-8

Ⅰ.①数… Ⅱ.①郝… ②张… Ⅲ.①物理学－普及读物 ②电子计算机－普及读物 Ⅳ.①O4-49 ②TP31-49

中国版本图书馆 CIP 数据核字（2016）第 050680 号

责任编辑：姜淑华　侯俊琳　田慧莹 / 责任校对：赵桂芬
责任印制：赵　博 / 整体设计：黄华斌

科学出版社 出版

北京东黄城根北街 16 号
邮政编码：100717
http://www.sciencep.com

北京厚诚则铭印刷科技有限公司印刷
科学出版社发行　各地新华书店经销

＊

2017 年 5 月第 二 版　　开本：720×1000　1/16
2025 年 1 月第六次印刷　　印张：16 1/2　插页：4
字数：213 000

定价：58.00 元

（如有印装质量问题，我社负责调换）

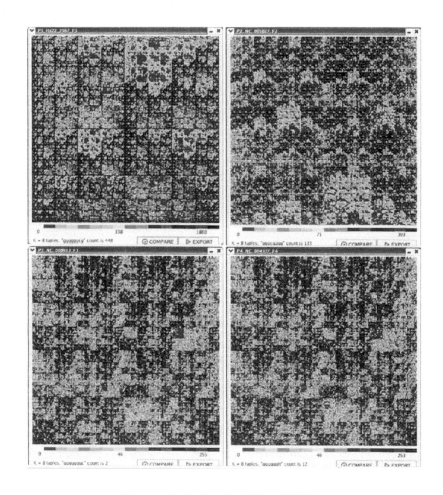

图 6.7　基因组中短串成分的 2 维视像图
左上：人类第 22 号染色体；右上：细菌 *Pirellula* 的基因组；
左下：大肠杆菌基因组；右下：志贺氏痢疾杆菌

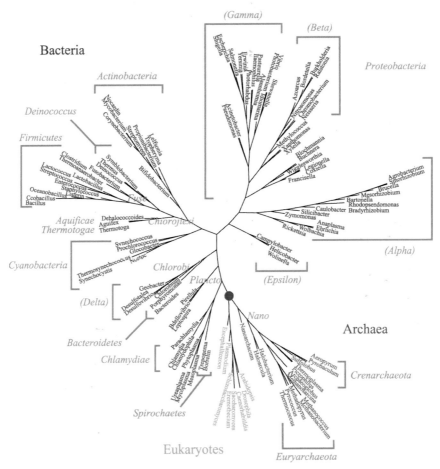

图 6.8　从完全基因组数据一举算出的细菌亲源关系树
蓝色表示"真"细菌，红色代表古细菌；绿色是作为参照的 8 种真核生物。
浅色文字是各个细菌"门"的拉丁名字，放在括号中的是变形菌门 5 个"纲"的名字

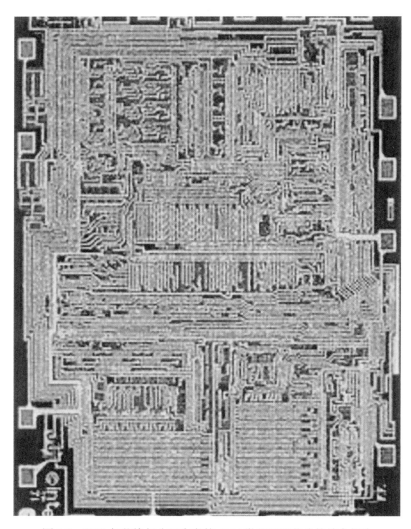

图 8.2　1971 年英特尔公司生产的 4004 微处理器芯片的放大相片

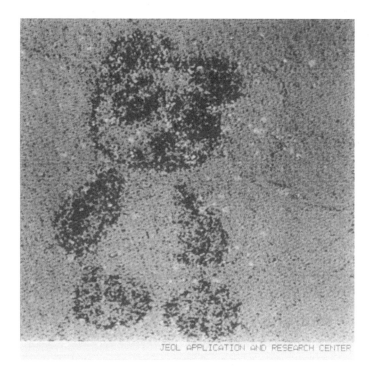

图 9.1 纳米熊猫（由 JEOL 公司惠允使用）

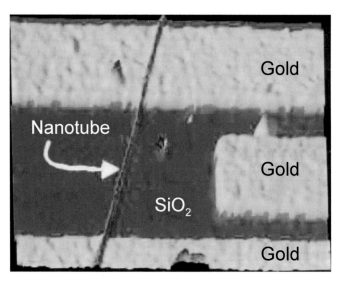

图 9.5 纳米碳管场效应三极管实验

丛书修订版前言

　　"物理改变世界"丛书由冯端、郝柏林、于渌、陆埈、章立源等著名物理学家精心创作，2005 年 7 月出版后受到社会各界广泛好评，并于 2007 年一举荣获国家科学技术进步奖，帮助我社首次获此殊荣。丛书还多次重印，在海内外产生了广泛的影响，成为双效益科普图书的典范。

　　物理学是最重要的基础科学，诸多物理学成就极大地丰富了人们对世界的认知，有力地推动了人类文明的进步和经济社会的发展。丛书将物理学知识与历史、艺术、思想及科学精神融会贯通，受到科技工作者和大众读者的高度评价，近年库存不足后有不少读者通过各种方式表达了对再版的期待。

　　在各位作者的大力支持下，本次再版对部分内容进行了更新和修订，丛书在内容和形式上都更加完善，也能更好地传承这些物理学大师博学厚德、严谨求真的精神，希望有越来越多的年轻人热爱科学，努力用科学改变世界，创造人类更加美好的未来。

　　同时，我们也以此纪念和告慰已经离开我们的陆埈院士。

编者

2016 年 3 月

丛 书 序

20 世纪是科技创新的世纪。

世纪上叶，物理界出现了前所未见的观念和思潮，为现代科学的发展打下了坚实的基础。接着，一波又一波的科技突破，全面改造了经济、文化和社会，把世界推进了崭新的时代。进入 21 世纪，科技发展的势头有增无减，无穷尽的新知识正在静候着青年们去追求、发现和运用。

早在 1978 年——我国改革开放起步之际，一些老一辈的物理学家就看到"科教兴国"的必然性。他们深知科技力量的建立必须来自各方各面，不能单靠少数精英。再说，精英本身产生于高素质的温床。群众的知识面广、受教育水平高，才会不断出现拔尖的人才。科普读物的重要性不言而喻。"物理学基础知识丛书"的编辑和出版，是在这种共识下发动的。当时在一群老前辈跟前还是"小伙子"的我，虽然身在美国，但是经常回来与科学院的同事们交往、切磋，感受到老前辈们高尚的风格和无私的热情，也就斗胆参加了他们的队伍。

一瞬间，27 年就这样过去了。这 27 年来，我国出现了惊人的、可喜的变迁，用"天翻地覆"来形容，并不过甚。虽然老一辈的物理学家已经退的退了、走的走了，他们当时的共识却深入人心。科学的地位在很多领域里达到了高峰；科普的重要性更加显著。可是在新的经济形势下，愿意投入心血撰写科普读物的在职教授专家，看来反而少了。或许"物理改变世界"这套修订再版的丛书，能够为青年学子和社会人士——包括政界、工商界、文化界的决策层——提供一些扎实而有趣的参考读物，重燃科普的当年火头。

2005 年是"世界物理年"。低头想想，我们这个 13 亿人口的大国，为现代物理所做的贡献，实在不算很多。归根结底还是群众的科学底子太薄；而经济起飞当前，不少有识之士又过分急功近利。或许在这当儿发行一些高质量的科普读物能够加强公众对物理的认识，从而激励对基础科学的热情。

这一次在"物理改变世界"名下发行的 5 本书，是编辑们从 22 种"物理学基础知识丛书"里精选出来的，可以说是代表了"物理学基础知识丛书"作者和编委的心声。于渌、郝柏林、冯端、陆埮等都是当年常见的好朋友。见其文如见其人，我在急促期待中再次阅读了他们的大作，重温了多年来给行政工作淹没几尽的物理知识。

这一批应该只是个开端。但愿"物理改变世界"得到年轻一代的支持、推动和参与，在为国为民为专业的情怀下，书种越出越多，内容越写越好。

吴家玮

香港科技大学创校校长

2005 年 6 月

2017 年修订版说明

　　这次修订主要涉及有关计算机的一些章节和段落。我们特别感谢美国纽约州立大学石溪校区计算机科学系邓越凡教授所给予的实质性帮助。然而，一切疏漏和错误之处，当然是作者的责任。欢迎读者提出批评建议。

郝柏林　张淑誉

北京光大汇晨老年公寓

2017 年 3 月 1 日

2005年再版前言

电子计算机是人类学会用火以来最伟大的发明。人类开始进入数字文明的时代。正是物理学的发展本身对这一历史转折提出了迫切要求，同时也为它做好了物质准备。物理学的进步曾开创了热机、制冷、电机、无线电、原子能、半导体、激光等各种划时代的高新技术。然而，从对于社会历史发展的深远影响看，这些全不能同物理学和计算机相互促进的过程相比拟。电子计算机正在改变着人类社会生产和日常生活的一切方面。

物理学是一种持续发展的文化，计算机带来日新月异的文明。这里讲的是广义的、研究整个物质世界的物理学。今日的物理，正在为明日的计算提出问题和准备条件。

本书作者属于同电子计算机一起成长起来的那一代人。对于我们，计算机不只是摆在面前的屏幕、键盘和鼠标。在这种只能迅速执行简单命令的愚笨而强大的信息机器后面，有着理论科学研究成果转化为生产技术的曲折历史。温故而知新。回顾这段历史有助于正确认识基础科学和高新技术发展的关系，更自觉地促进我国自然科学基础研究事业的兴旺发达。

随着信息技术的突飞猛进，人类社会也在发生一种深刻的分化。计算机的进步已经消灭了某些职业，计算机逐渐成为谋生的必需。形象地说，极少数"聪明人"研制出五花八门的"自动""遥控""智能"设备，供大多数普通人在劳动中使用，在休息时"享受"。亿万"傻瓜"们正不知不觉、舒舒服服地成为计算机的奴仆。"微软"公司的垄断行为虽然被许多企业和国家一再控告，它却始终立于不败之地，正是因为它的做法符合一个大国的称霸世界的全球战略。有些每日享受着进口高新技术设备的人士，越来越少地意识到后面的基础科学成果，甚至误以为加强物理学研究已经不再是当务之急。跨入数字文明时代的大门，要做数字的主人，不当数字的奴隶。这是我们"创作冲动"的源泉。

这本书的酝酿要从许多年前说起。作者在 20 世纪 60 年代初就为我国自己研制的第一代电子计算机编写解决物理问题的程序。1974 年以笔名"季理"在《物理》杂志上发表综述《物理学研究中的电子计算机》。1978 年中国物理学会庐山年会期间，答应为科学出版社组织的"物理学基础知识丛书"撰写专册。《漫谈物理学和计算机》一书在 1988 年初版，1992 年重印过一次，1995 年在台湾出过繁体字版，读者反映尚好。出版社方面早就希望发行再版。几经思考，才下决心修订再版。书名的更动，表明我们试图把物理学和计算机相辅相成的发展过程提升到人类文明历史的高度来认识，请社会知晓和理解物理学创造的丰功伟绩，为中华民族的再度辉煌而始终不渝地支持自然科学基础研究。

为准备本书第二版，我们从多位朋友处得到帮助或参考了他们提供的材料。这里只能提到一部分名字：王守觉、孙昌璞、邓越凡、李晓渝、韩宝善、郑德娟、叶令。科学出版社的姜淑华 20 年间对前后两版均给予了不少支持。我们向所有朋友表示衷心感谢，并同时申明书中错误完全由作者负责。

正像历史上多次发生的那样，物理学肇始的新技术走上独立的发展道路，安静的理论科学研究群体中又在酝酿着新的技术革命。天生我材必有用，自然大美终成器。这不是计日程功的技术规划，而是人类文明发展的必然规律。本书初版的成稿时间正值我国科学技术体制改革的初期。我们曾以物理学和计算机发展的史实，呼唤过有远见的科学政策。但时至今日，急功近利、目光短浅的科学"管理"和"评估"仍然在延误着中华民族前进的历史步伐。谨以这本小书的再版呼吁科学界的良知，让我们更有成效地为中华民族的崛起而奋斗吧。

郝柏林　张淑誉

复旦大学理论生命科学研究中心

2005 年 3 月 10 日

初 版 前 言

《庄子·知北游》中写道:"天地有大美而不言,四时有明法而不议,万物有成理而不说。圣人者,原天地之美而达万物之理。"现代自然科学工作者,就是这样"原美""达理"的圣人。这是意义极其广泛的物理学,它涉及天体、地球、大气、海洋,乃至声、光、热、电和物质结构与转化的许多方面。这样的物理学,是整个现代科学和技术的基础,也是人类文化的重要组成部分。

"数"和"算"在物理学中从来具有特殊重要的意义。物理学不满足于定性地说明现象,或者简单地用文字记载事实,它要求尽可能准确地从数量关系上去掌握自然规律。各类物理测量的精确程度,一向是物理实验水平的重要标志。实验和理论在小数点后面的原则差异,曾经不止一次地导致物理学的突飞猛进。想一下水星近日点的进动、氢原子光谱线的兰姆位移、连续相变临界指数测量值对平均场理论的偏离,看来极为细小的数值差别,曾经对现代物理学的发展起了何等巨大的推动作用!

物理学的发展提出了人类历史上从未有过的大规模计算课题,计算手段必须革命。物理学为计算手段的革命提供了物质基础,计算机的出现又彻底改变了物理实验室的面貌和理论物理工作者的生活方式,它带来了新的物理学。计算过程和计算机本身还有它自己的物理学。物理学和计算机这两大领域,从 20 世纪 40 年代初以来互相促进的发展过程,已经把我们带进了一个新的时代。物理学作为纯实验科学的时期早已结束,物理学仅仅作为实验和理论密切结合科学的时代也正在过去。新的物理学,立足于实验、理论和计算三大支柱之上,正在为人类提供着认识自然、改造自然的无穷无尽的威力。

　　面向 21 世纪的物理工作者，再不能满足于用算法语言编几段程序，或者为实验设备配置几处"接口"。他们还应当对计算机和计算科学有更多了解。这也将是一切科学技术工作者文化修养的一部分。这本小书，当然既讲不全物理学，也说不尽计算机。我们的想法是，回顾一点历史，介绍一些现状，再稍微展望一下未来。只要在读者心中，引起进一步学习物理学和计算机的愿望，这本书就算起到了作用。

　　在物理学和计算机这两个辽阔领域中，我们各处一隅。挂一漏万、顾此失彼之处，自然在所难免。在此恳切地希望读者对本书提出批评。

目 录

丛书修订版前言 / i

丛书序 / iii

2017 年修订版说明 / v

2005 年再版前言 / vii

初版前言 / xi

第一章 从"结绳记事"到卡片计算机 / 1

  人类有史以来进行过多少次算术运算? / 2

  曼哈顿计划 / 3

  卡片计算机 / 5

  什么因素限制了计算速度? / 6

  数的进制和存储 / 9

  大数和小数 / 12

第二章 用真空管和延迟线制造的电子计算机 / 15

  "逻辑控制":一问便知是天才 / 15

  "蛤蟆"继电器和逻辑电路 / 18

  真空管"开关" / 24

  记忆屏幕和延迟线存储器 / 26

  内部程序控制的冯·诺伊曼计算机 / 27

  一张假想的"机器指令"表 / 30

磁性存储元件 / 36

我国的第一台电子计算机 / 38

第三章 "于无声处听惊雷"——半导体的崛起 / 40

没有用武之地的半导体 / 41

电子能带、p 型和 n 型半导体 / 42

半导体器件的崛起 / 48

MOS 和硅 "平面工艺" / 52

半导体逻辑电路 / 56

半导体存储器 / 59

SSI、MSI、LSI、UISI、VLSI 和 GSI / 63

半导体异质结构 / 68

磁盘和光盘 / 71

第四章 计算机世界 / 75

计算机和 "算计" 机 / 77

软、硬、虚、实的关系 / 78

计算机语言 / 82

从 POP 到 OOP / 87

操作系统 / 90

知识产权和软件共享 / 94

巨机不巨、微机不微 / 97

从单机到网络 / 104

并行计算的兴起 / 109

从网络到超级计算机 / 113

第五章 物理学家的好助手 / 122

实验控制和数据采集 / 122

模拟信号和数字信号 / 123

中断处理　/　124

并行接口和串行接口　/　125

USB 通用串行总线　/　127

PCI 外部设备连接总线　/　127

核电子学标准的兴衰　/　129

高能物理实验　/　132

从头算起　/　134

计算机"代数"　/　137

物理学中的人工智能　/　139

第六章　计算机带来的物理学　/　142

费米 – 巴斯塔 – 乌勒姆"实验"　/　142

"孤子"和"孤波"　/　146

遍历问题和"反 KAM"定理　/　148

非线性系统中的混沌现象　/　151

分子动力学和"长尾巴"行为　/　154

"夸克禁闭"和"渐近自由"　/　157

计算物理和实验数学的诞生　/　160

生物信息学和计算生物学　/　162

第七章　计算方法中的物理学　/　167

人工黏滞性　/　167

列昂多维奇边界条件　/　168

采样定理和测不准关系式　/　170

由演化过程计算定态分布　/　172

差分格式里的物理　/　174

元胞自动机和格子流体力学　/　175

重要性抽样法　/　178

遗传算法 / 182

NP 完备问题和"自旋玻璃" / 183

可算性、有限性和递归 / 186

语言和计算机的复杂性 / 188

第八章 计算机受到的物理限制 / 194

最快能多快？ / 195

最小能多小？ / 196

可以不消耗能量进行计算吗？ / 198

发热和冷却 / 201

联线问题 / 203

有没有量子限制？ / 205

第九章 物理学和未来的计算机 / 208

量子阱、量子线和量子点 / 209

光计算机 / 213

自旋微电子学 / 217

超导计算机 / 219

分子电子学 / 222

DNA 计算 / 224

量子信息和量子计算 / 227

第十章 没有结束的话 / 231

英汉对照兼索引 / 238

后记 / 242

第一章
从"结绳记事"到卡片计算机

　　人类的生产技术和文化科学，是按照越来越快的"加速度"规律发展的。从总体上看，50 万年前生活在周口店附近的"北京人"已经知道用火。10 万年前生活在同一地区的"山顶洞人"已经会制作颇为精致的石器、骨器和装饰品。1953 年在我国西安半坡村发现的古代母系氏族社会遗址，由碳同位素 ^{14}C 含量测定，其上层距今约 5600 年，下层约 6700 年。半坡遗址发现的陶器口沿上，刻有形状规整的符号 22 种，共 113 个，其中 I、II、＋、×等可能是计数用的符号。

　　到了近几百年，这个加速发展的过程就更为明显。牛顿力学距今不过 330 多年（1686 年牛顿向英国皇家学会提出了报告，第二年出版了《自然哲学之数学原理》这部经典著作）。完整的电磁理论距今 140 余年（1873 年麦克斯韦发表了《电磁论》一书）。然而，1818～1820 年发现了电流的磁效应，1881 年就首次由发电厂向伦敦城供电。1887 年发现电磁波，1895～1896 年就发明了无线电报。可是最能说明这种加速发展的，莫过于 20 世纪以来计算技术的进步，而这又是与物理学提出的要求和提供的支持分不开的。我们现在就从以下这个似乎不着边际的问题开始，回顾这个计算机和物理学相辅相成的发展过程。

人类有史以来进行过多少次算术运算？

算术运算指的是加、减、乘、除这些"四则"运算。更复杂的运算如开平方、开立方、求三角函数、解微分方程等，可以设法化成无穷多次算术运算（只满足于一定精确度时，用有限次算术运算就够了）。有许多问题是永远也不可能给出准确答案的。人类有史以来进行过多少次算术运算，地球上自有人类以来总共讲过多少话，都是这样的问题。然而，有时候不难对答案作一些粗略的估计，得出它的"上界""下界"或者"数量级"。这是物理学家们想问题时常用的方法。我们现在不妨来估计一下，人类有史以来所作过的算术运算最多不会超过多少次，也就是它的"上界"。

原始人在没有数的概念以前当然谈不上进行算术运算。古埃及象形数码大约出现在公元前 3000～前 2500 年。我国自甲骨文中出现数字符号，迄今至少有 4000 年，而这些符号中包括了十进制数字和百、千、万等单位。研究中国科学技术史的著名英国学者李约瑟曾经指出："总的说来，商代的数字系统是比古巴比伦和古埃及同一时代的字体更为先进、更为科学的。"我们若不考虑世界各大洲文化发展的不平衡性，可以认为人类进行算术运算的历史不超过 5000 年。

一年有 365 天，假定每人每天进行 100 次算术运算（作为几千年的平均值，这肯定是一个"上界"）。按多少人计算呢？世界人口的大量增长，只是近一两个世纪的事情。人类从灵长类的远祖经过几百万年的进化，才在 1804 年达到总数 10 亿。联合国把 1999 年 10 月 12 日那天定为世界人口 60 亿日。如果说 5000 年来，平均每天有半亿人曾进行算术运算，那一定是过高的估计。把上面这些估算合并到一起，就可以看出人类有史以来所作过的全部算术运算，绝不会超过下面这个数字：

$$5000 \text{ 年} \times 365 \text{ 天/年} \times 0.5 \times 10^8 \text{ 人/天} \times 10^2 \text{ 次/人} \approx 10^{16} \text{ 次}$$

这个数字可能估高了 1000 倍,但这并不重要。它只是告诉我们,人类所作过的算术运算总次数远远达不到现代自然科学所遇到的一些"大数",例如 10^{40} 或 10^{80}(量子力学的创始人之一狄拉克,曾经讨论过物理学中怎样出现了这样的大数)。有一条数学定理说,有上界必有上确界。只要估算时有更多的科学根据(例如知道了 5000 年来的人口变化曲线),就可以使估计结果降下来一些,更接近"上确界"一些,即使人们永远也不知道这个"上确界"究竟是多少。

然而,上面那样的估计只是在 1943 年以前才有意义。因为 20 世纪 40 年代中期,人类的计算能力发生了一次突变。电子计算机的时代开始了。当读者看到这几行文字时,人类每一秒钟进行的算术运算,已经远远超过 10^{16} 次。这样的突飞猛进,要从第二次世界大战时期的"曼哈顿计划"讲起。

曼哈顿计划

1939 年爱因斯坦在一批物理学家的推动下,上书美国总统罗斯福,建议着手研究原子武器。罗斯福总统首批拨款 6000 美元,这一项现代物理学成果向工程技术转化的重大任务,就在"曼哈顿计划"的名义下开始秘密进行(曼哈顿是纽约市中心的一个岛名,被用作任务代号)。曼哈顿计划集中了一批优秀的物理学家、数学家和工程师。当时理论研究的负责人是汉斯·伯特。原子弹的许多设计数据都不能事先在实验室中测量,而必须靠理论计算得到。有一次,伯特和著名的数学家冯·诺伊曼坐下来估计他们所面临的计算量时,发现它或许要超过人类有史以来所进行的全部算术运算。这是一个当时几乎无法克服的难题。于是,人们想起了国际商业机器公司(简称 IBM 公司,本书还要多次提到这家公司)生产的卡片计算机。

原来在第二次世界大战之前,伯特曾经参观过哥伦比亚大学一位天文学家的研究室。那位天文学家高兴地向他表演了刚刚从 IBM 公司租用的一台卡片计算机。那时人们早已放弃求解三体问题的无望企图，改为直接用数值方法去求解描述日、地、月运动的微分方程。这样做，连其他遥远行星的影响都不难考虑在内。但是，数值工作量超乎人力所能及，只得求助于当时最先进的计算手段。不过这并没有使"纯"理论家伯特发生多大兴趣。只是在几年后，面对着复杂的中子扩散问题，伯特伤透了脑筋。曼哈顿计划的另一位参加者恰好是从哥伦比亚大学来的，于是他提议试用卡片计算机，伯特便欣然同意了。

冯·诺依曼（1903～1957）

顺便提一个反映了东西方政治文化差异的事实。曼哈顿计划的许多关键性人物，是不久前才从欧洲来到美国的移民。伯特来自敌对的德国，冯·诺伊曼来自战争中同德国结盟的匈牙利，集理论、实验和工程才能于一身、建设了第一个反应堆的恩瑞克·费米来自另一个法西斯国家意大利。没有这一批顶尖人物的参与，只靠土生土长的美国人，很难想象如何能在短短几年内成功实现原子弹爆炸。而这些人放在有些国家，会是"控制使用"的对象，根本不可能涉足"保密"任务。

卡片计算机

19 世纪后半叶，从世界各国向北美的移民迅速增加。当时美国每隔 10 年进行一次人口普查。1880 年普查的数据用人工处理了 7 年才得出结果。估计 1890 年的普查数据到 1900 年，也就是下一次人口普查的时候，还不能处理完毕。正是在这个尖锐的矛盾的驱使下，纽约州布法罗城的统计员赫勒里斯（现在 FORTRAN 算法语言中表示字符串的 nH 符号就是纪念他的）发明了卡片计算机。

借助赫勒里斯的卡片计算机，1890 年人口普查的数据，只用两年多时间就处理完了，虽然人口总数比上一个 10 年增加了 1200 万。赫勒里斯在 1896 年成立了一家报表机公司，它是 1924 年成立的 IBM 公司的前身之一。

卡片计算机是一种复杂的电机械设备。大量数据要事先穿在卡片上，按规定的步骤顺序处理。这是一种在手工控制下，专门完成特定任务的"固定程序"计算机。经过许多次改进，在 20 世纪 30 年代形成了"卡片程序计算机"。不仅原始数据穿在卡片上，而且计算步骤即"程序"也穿在卡片上。这是一种"外部程序控制"计算机。

其实，人类已经发明过许多种外部程序控制的机器设备。例如，纺织工业中用来编织各种花纹图案的机器，就是这样工作的。现在到纺织工厂去参观，有时还能够看到这类织机，它们在又宽又长的穿孔纸带控制下编织出美丽的织锦或壁毯。

IBM 公司在 20 世纪 30 年代生产的卡片计算机是如此复杂，通常没有公司的技术人员协助安装，用户无法使机器运转起来。曼哈顿计划的领导人按照伯特的请求，立即向 IBM 公司租用了一台卡片计算机，同时下令从欧洲调回来一位正在军队中服役的合乎保密要求的 IBM 技术人员。这位技术员进入机房时吃惊地发现，那台复杂的机器已经在正常运转。原来几位年轻的理论物理学家，包括后来得了诺贝尔奖的里查德·费曼，已经自己动手开箱，根据说明书进行了安装，并且调试成功。这在卡片计算机的历史上是绝无仅有的一次。那几位青年物理学家很快变为计算机积极分子。他们之中好几位后来成了计算物理学的先驱，包括本书第七章要提到的发明了"重要性抽样法"的米特罗包利斯。当时有一位青年对于卡片计算机过分入迷，每天摆弄机器不止。为了使研究原子弹的计算正常进行，人们不得不把他暂时调出机房。

那时最快的卡片计算机，可以在 7 秒钟内完成一次乘法。这对于计算中子扩散或是爆轰波的传播还是太慢了，于是人们只得并行使用许多台各种各样的计算设备，夜以继日地连续工作。就是在这紧张的计算环境里，数学家冯·诺伊曼一方面看到了用数值方法解决重大实际问题的前景，另一方面在思考着如何才能大幅度地提高运算速度。事情的转折发生在美国东部一个名叫阿伯丁的火车站上。1944 年夏天，在这里等车的冯·诺伊曼偶然遇见了正为美国阿伯丁弹道实验室从事计算的年轻数学家哥德斯坦。不过在介绍这一转折之前，我们得先看一下限制计算速度提高的"卡脖子"地方在哪里。

什么因素限制了计算速度

早在出现电子计算机之前，人类也曾经完成过一些规模较大的计算。这包括大地三角测量和天文测量数据的处理，以及后来船舶和飞机设计的计算等。伟大的数学家高斯曾经花了 10 年心血领导完成了汉诺威王国的大地测量。他在 1822 年写信给一位朋友说："我经过三个月艰苦工作，这几天刚刚完成了一项最小二乘法计算，它包含 55 个未知数和 300 个条件方程。"后来在印度进行的大地测量，涉及 88 个未知数和 2500 个条件方程，整个计算持续了两年之久。

这类大规模计算通常要借助一些机械或电机械设备，由一批计算员来实现。如果观察一下某个计算员的工作过程，它大致包含以下步骤。首先要设计一张纵横表，它反映出每一步基本运算的手续和得出最终结果的顺序，以及保证结果正确性的纵横交叉的检验办法。然后在表中特定的行或列里填上原始数据，再按行或按列照表计算。例如，把第一列每个数求平方填入第三列，把第二列的每个数求正弦填入第四列，再把第三列的每个数乘上第四列中相应的数填入第五列，等等。计算中要用到两类工具：求平方或者正弦函数，可以查阅有关的数学用表（例如，1814 年初版，以后多次再版过的《巴罗表》）；两数相乘可以使用算盘或手摇计算器。

上面的描述包含了大规模计算过程许多主要环节的雏形。第一，那张画着表格的大纸起着"存储器"的作用，原始数据、中间和最终结果都"存"在上面；它同时也记录了反映计算过程的"程序"。第二，算盘或者手摇计算器是"运算器"。第三，《巴罗表》是一种数据库，其中保存着过去的大量计算的结果；从库中查阅现成数据，可以提高当前计算的效率。第四，计算员起着"中央控制器"的作用，他决定每一步做什么，把那个数从表中"读"出来，拨到手摇计算器上，算完之后再"写"回"存储器"的那一列中去，等等。

在上面各个环节中，仅仅提高一两个环节的速度，其作用是不大的。把手摇计算器换成现在常见的电子计算器，完成一次乘法的时间可以加快上万倍，但整个计算过程并不能显著缩短。这是因为看表、填数这些"读""写"操作很慢，或者说存储器的存取周期太长。存取周期，至今仍是限制电子计算机速度的重要因素之一。

类似地，计算员思考和做出决定的时间也不可能很快。每一秒钟想好并完成一步运算，就差不多快到"头"了。可见提高计算能力的另一个关键，是要对计算过程实行自动的逻辑控制。计算过程一旦开始，就要避开一切人为干预，自动运行到终点。请读者特别注意这里出现的"逻辑控制"一词，因为这是现代电子计算机的核心概念之一。

手工计算的麻烦

总之，在计算过程的各个环节中，只要有一个环节太慢，它就成为细细的"瓶颈"，限制了整个计算速度。

数的进制和存储

怎样用机械或电气元件来保存数码，这是设计任何自动计算装置之前必须解决的问题，而它又和所用的"进制"有密切关系。

人类天生双手十指。"扳着手指头"计数，使十进制成了自然的数制。其实，还有一种更自然的进制，那就是反映"有无""上下""大小""高低""正负""阴阳""真假"这些普遍的矛盾对立或者叫作"逻辑"关系的二进制。它实际上也有极其悠久的历史。我国古代传说中曾经"结绳记事"：有事就在绳子上打一个结。这里已经包含了"有""无"概念的萌芽。任何一个具有两种状态的物理过程，都可以用来表示"有"和"无"，或者简单地写作 1 和 0。把这些 1 和 0 组合起来，可以表示任何其他数码。例如，从 0 到 16 的十进制数用二进制写出来就是

0   1   10   11   100   101   110   111   1000   1001

1010   1011   1100   1101   1110   1111   10000

以后为了避免混淆，我们往往在二进制数的右下角加一个脚标 2，而十进制数什么也不加，于是 $1010_2 = 8 + 2 = 10$。读者可以从这一个简单式子中悟出把二进制数译成十进制的方法。

二进制是最容易学习的数制。十进制乘法里的"九九表"，在二进制中剩下"一零得零，一一得一"两句口诀。十进制里的"四舍五入"，在二进制里成为"零舍一入"。也许过不了很多年，幼儿园里的孩子们就会先学习二进制算术，再接触更复杂的十进制。

二进制在一个位置上用 0 和 1 两个符号，实现 0 和 1 两个数。如果在两个位置上各用 0 和 1 两个符号—实现 0，1，2，3 四个数，就构成四进制。八进制则用三位二进制数，实现 0，1，2，3，4，5，6，

7 八个数。同理，用四位二进制可以实现十六进制，不过这时普通的数码不够用了，要以 A，B，C，D，E，F 来分别代表 10，11，12，13，14，15。我们可以再写几个等式

$$10000_2 = 2^4 = 16$$
$$10000_4 = 4^4 = 256$$
$$10000_8 = 8^4 = 4096$$
$$10000_{16} = 16^4 = 65536$$

读者应当由此悟出任何进制翻译成十进制的方法。例如

$$10201_3 = 10000_3 + 2 \times 100_3 + 1 = 3^4 + 2 \times 3^2 + 1 = 100$$

最早用二进制组合出四进制和八进制的记载，应当认为是我国传说中的"伏羲氏画八卦"。伏羲用"--"和"—"两种符号拼成了八卦（图 1.1）

乾 兑 离 震 巽 坎 艮 坤

图 1.1 八卦

如果把"—"看作 1，"--"看作 0，那么图 1.1 的八卦可以写成二进制数

111　011　101　001　110　010　100　000

或者八进制数

7　3　5　1　6　2　4　0

古人解释《易经》说"两仪生四象，四象生八卦"，翻译成现代语言不妨理解为"二进制可以扩充成四进制，四进制可以扩充成八进制"。可见我们中华民族很早就使用了十进制以外的二、四、八等进制。事实上中国式算盘还使用了十六进制和复合的二五进制。关于算盘的书面记载，至少可以追溯到宋代名画《清明上河图》，那里药铺柜台上就赫然摆放着一个算盘！

我们可以再提一个问题：究竟用几进制保存数码最为经济？这要看"经济"的含义是什么。用三位十进制能表示的最大数是

$$999 = 10^3 - 1$$

伏羲氏画八卦

用三位二进制能表示的最大数是

$$111_2 = 2^3 - 1 = 7$$

同理，用 n 位 k 进制能表示的最大数是

$$k^n - 1$$

假定每一位上的 k 进制数码 $0, 1, 2, \cdots, k-1$ 都各要用一个"状态"来实现，而且 n 位 k 进制寄存器的成本 c 正比于状态的总数 kn。要求以成本 $c = kn$ 最小，而所能表示的最大数 $= k^n - 1 =$ 为指定常数，来确定 k 的值。这是带一个"约束条件"的优化问题，它很容易求解。把成本对 k 微分，应有

$$\frac{\mathrm{d}c}{\mathrm{d}k} = n + k\frac{\mathrm{d}n}{\mathrm{d}k} = 0$$

再对约束条件微分，求得

$$\frac{\mathrm{d}n}{\mathrm{d}k} = -\frac{n}{k\ln k}$$

代入前面的式子，得到决定 k 的关系

$$\ln k = 1$$

即 k 等于自然对数的底 $e = 2.71828\cdots$。最接近 e 的整数是 3，于是按照上面讲的意义，最经济的应是三进制。然而具有三个状态的元件必须专门设计，能给出两个状态的物理效应却比比皆是。2 是最接近 e 的另一个整数，这是使用二进制的又一个理由。

仅仅有两个状态还不成，存储元件还必须易于快速读写，具有较小的体积和能量消耗。人们真是绞尽脑汁，尝试过各种物理效应。从阴极射线管的记忆屏幕，到磁芯、磁膜、磁泡等各种磁性元件。磁芯存储器统治了近 30 年，不得不逐步让位给半导体存储器。我们在以后两章，再结合计算机的发展来介绍记忆元件的物理基础。

大数和小数

计算机的速度不断提高、所用元件的尺寸愈益缩小。我们在这

本书里会反复谈到元件和整机的尺寸与速度,用到各种各样的大数和小数。为了避免重复解释,这里先集中介绍一下大数和小数的各种名称。

数字每增加或减少 10 倍,叫作增加或减少了一个数量级。我国现在实行同国际公制一致的每 3 个量级赋予一个单位名称的规定。这些名称列在表 1.1 中。

表 1.1 大数和小数的单位名称

单位	公制前缀	中文名称	单位	公制前缀	中文名称
10^3	Kilo	千	10^{-3}	milli	毫
10^6	Mega	兆	10^{-6}	micro	微
10^9	Giga	吉	10^{-9}	nano	纳
10^{12}	Tera	太	10^{-12}	pico	皮
10^{15}	Peta	拍	10^{-15}	femto	飞
10^{18}	Exa	艾	10^{-18}	atto	阿

我国古代算学书中,把小于 1 的各个幂次,称为分、厘、毫、丝、乎、微、纤、沙、尘。"毫""微"恰好对应 10^{-3} 和 10^{-6}。不过 10^{-9} 现在不叫作"尘",而称"纳"。看来 10^{-12} 已经超过古人的想象,老祖宗没有为它起名字。

古算书中也为大数起过名字。大于 1 的各个幂次,称为十、百、千、万、亿、兆、京、垓、秭、穰,每 10 倍有一个名字。这里十万为亿,十亿为兆,"兆"比"亿"大,对应 10^6 或百万,现在硬盘容量讲兆字节,时钟频率讲兆赫兹,都属这一用法。不过,我国还有过每 4 个量级才换名字的做法,即"万万曰亿、万亿曰兆"(《孙子算书》)。过去中国有 6 万万人,而现在有 13 亿人口,就是这种叫法。西方每 3 个量级换名,我国每 4 个量级换名的差异,使得不少英语流畅的人士在遇见大数转换时仍偶尔出错。

现在可以复习一下各种时间单位了。时间的基本单位是秒。直接用秒来测量计算速度很不方便。例如计算机完成一次加法需要 0.000 000 002 5 秒,磁盘每转一圈用 0.04 秒。人们必须想一想才能进行比较。较好的办法是按照上面的规定改用更小的时间单位：

10^{-3} 秒称为毫秒，记作 ms

10^{-6} 秒称为微秒，记作 μs

10^{-9} 秒称为纳秒，记作 ns

10^{-12} 秒称为皮秒，记作 ps

毫、微、纳这些单位同样用于长度，如毫米（mm）、微米（μm）、纳米（nm）。

第二章
用真空管和延迟线制造的电子计算机

科学史上的每一次重大进步，都只能立足于当时已经存在的技术条件，而这些条件原来却是为了其他目的而发展起来的。电子计算机的早期阶段，曾经依靠无线电通信、雷达技术和普通电报电话中使用的真空管、晶体二极管、延迟线、继电器、电阻、电容等各种元器件，后来才出现了计算机专用的芯片和元件工业，最终达到用电子计算机生产电子计算机的成熟阶段。

回顾早年通过顽强努力用简陋条件实现崭新思想的过程，才能更清楚地看到新的理论思想所起的巨大指导作用。电子计算机是一种逻辑机器，无法用"草鞋没样，边打边像"的手工业办法造出来。现代电子计算机的详细设计思想，完整地包含在 1945 年 6 月冯·诺伊曼撰写的长达 100 页的报告中。在这份报告里他列出了第一张机器指令表，并在附录中给了一个分类程序的实例。因此，人们至今把按照这一设计思想制造的计算机，称为冯·诺伊曼计算机。为了说明这些新的思想，我们还得回到 1944 年夏天冯·诺伊曼和哥德斯坦在阿伯丁火车站的偶然相会。

"逻辑控制"：一问便知是天才

31 岁的哥德斯坦，当时是在阿伯丁弹道实验室工作的数学家。

为了战争需要，美国在阿伯丁投入了大量人力，计算各种火炮的射击表。这是要考虑火炮类型、装药量、引信种类、气温气压、风向风速和各种瞄准参数的弹道计算。大约每张射击表需要计算 1000 条弹道，而每条弹道至少要分成 50 段来求解，其中至少有 750 次乘法。当时每张射击表要用 6 到 12 个星期才能算出来，难怪人们不得不在 1943 年初着手建造一台"电子数值积分和计算器"（简称 ENIAC）。

领导 ENIAC 工程的是一位更年轻的人物——25 岁的研究生艾克特。建造中的机器有 20 个字的存储器，每个字长十位，采用十进制运算。它的时钟脉冲是 0.1 兆赫，即每秒钟 10 万个脉冲。设计要求这台计算机每 0.003 秒完成一次乘法，比同时期的机械乘法器 Mark I 快 1000 倍。它每 0.01 秒可完成一次除法或开方。哥德斯坦告诉艾克特，天才的数学家冯·诺伊曼要来参观 ENIAC。艾克特的反应是："只要他提的第一个问题是 ENIAC 的逻辑控制，我就承认他是一位真正的天才。"这果然是冯·诺伊曼的第一个问题。

什么是逻辑控制？许多机械设备是在人的控制下工作的。不少"自动"机也只是自动地按一定顺序完成特定的操作（想一下"全自动"洗衣机就成了）。我们在第一章里分析手工计算过程时已经看到，只有完全摆脱人的干预，使各个环节都自动化，才能真正加快计算速度。然而，计算不是洗衣，每次计算情况不同，下一步如何算往往取决于上几步的结果……ENIAC 应当能完成多种计算过程，每一种过程都应当能用比较灵活的办法予以规定，而且必要时可以调整改动，甚至"推倒重来"，换成另一种计算过程。当时，这是用大量接插件和开关完成的，这些接插件和开关分布在各个机柜上。开始计算之前，人们把"跳线"分别插好，开关搬到合适的位置上，以保证计算过程按自身的逻辑发展。一旦开始计算，人就不再干预，只是在完成计算或出错"停机"后，再对插头和开关进行调整。

一问便知是天才

　　建成后的 ENIAC 是一座庞然大物。它使用了 17 000 多支真空管，1500 多个继电器，几十万枚电阻和电容，体积 460 立方米，自重 30 吨，耗电 174 千瓦（相当于 233 匹马力）。然而它在 1946 年 2 月正式试算时就创造了奇迹：用短于炮弹实际飞行的时间，求出了 16 英寸①海军炮的弹道。ENIAC 本质上是通用机。战后射击表的计算任务减少，人们用它计算过原子能、宇宙线、实现风洞设计，甚至尝试过数值天气预报。直到 1955 年 ENIAC 才宣告退休。人们常常把 ENIAC 说成第一台电子计算机。其实，它乃是最后一台非冯·诺伊曼式的古典计算机。博物馆中的 ENIAC 茕茕孑立于冯·诺伊曼机之林，显得像旧时代的一位遗老。冯·诺伊曼自始至终积极参与了 ENIAC 计算机的研究和运行。这对于形成新的设计思想，当然有决定性的影响。

　　为什么用真空管和继电器可以制造出逻辑控制的计算机呢？我们在介绍冯·诺伊曼的创新之前，先结合早期的计算机元件，讲一点它们的工作原理。这些元件都曾是常见的设备，其中的物理过程比较直观。后来千百万元件都藏进了大规模集成电路的封装，成为肉眼看不清的工艺杰作，讨论起来反倒只剩逻辑，不见物理了。

"蛤蟆"继电器和逻辑电路

　　前面已经说过，任何具有两种状态的物理效应或器件都可以用来保存二进制的数码 0 和 1。如果可以进一步控制状态的改变，就有希望实现二进制运算。最简单的器件是一个老式的舌簧继电器，它的外形很像一只蹲伏的青蛙，过去在实验室里被叫作"蛤蟆"继电器。图 2.1 是它的电路示意图。电磁铁和舌簧各自接在一个回路中，电流表 A 和 B 指示回路中的电流状态。我们约定，回路中有电流表示 1，没有电流代表 0。图 2.1（a）是"常开"的继电器，也就是说它的正常状态是 A 回路断开，舌簧接点也断开；A 回路接通，B 回路也导通。

---

① 1 英寸＝0.0254 米。

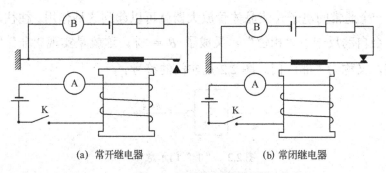

(a) 常开继电器   (b) 常闭继电器

图 2.1　继电器电路示意图

两个回路中电流的关系用二进制表示，可以写成如下的小表：

A	B
0	0
1	1

或者表示为简单的数学式子 $B = A$。图 2.1（b）恰巧相反，是一支"常闭"继电器，它的两个回路状态相反，写出来是

A	B
0	1
1	0

表示成数学式子时必须引入一个新的符号 $B = \overline{A}$，A 上面的横线表示逻辑关系"非"。如果说 $B = A$ 可以读作"B 是 A"，$B = \overline{A}$ 就是"B 非 A"。如果 A 和 B 只能取 1（真）或 0（假）两种值，A 和 B 就成为"逻辑变量"，而"非"乃是一种基本的逻辑操作。前面的那类小表称为"真值表"。

　　$B = A$ 从逻辑上看是平庸的。可以拆去电磁铁和簧片，把两个电流表串接在一个回路里，简单地实现 $B = A$。实践中则不这样简单。继电器的基本用途就是靠一个回路中的电流控制另一个回路中的电流，而且往往是用小信号控制大信号，有放大效果。此外，继电回路还有隔离作用：只允许 A 决定 B，不许 B 反过来影响 A。因此，实践中为了放大或隔离，仍有必要用电路来实现 $B = A$ 这样的平庸逻辑关

系。一个通常的电子管或晶体管放大器就可以起到这种作用。往往放大时会自动反一下"相位"，又成了 $B = \overline{A}$。这就是实现"非"的电路，又称为"非"门。图2.2是非门的符号。

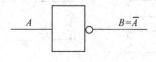

图2.2 "非"门示意

把两个继电器并联或串联起来，可以实现更复杂的逻辑关系。图2.3是两支并联的常开继电器，只要 A 或 B 回路之一接通，C 回路就导通。写成真值表是

A	B	$C = A + B$
0	0	0
0	1	1
1	0	1
1	1	1

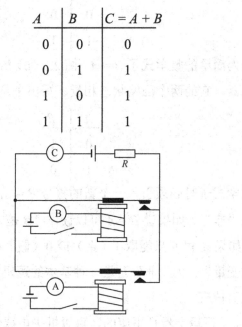

图2.3 两支常开继电器并联组成"或"门

"或"门实现的逻辑操作称为"或"，也叫作逻辑加

$$C = A + B$$

两个常开继电器串联之后，只有 A 与 B 两个回路同时接通，C 回路才能导通。这是"逻辑乘"，也叫作"与"操作：$C = A \cdot B$，其真值表是

A	B	$C = A \cdot B$
0	0	0
0	1	0
1	0	0
1	1	1

前面那句话还可以反过来讲：只要 A 或 B 回路之一不通，C 也就不通。写成式子是

$$\overline{C} = \overline{A} + \overline{B}$$

再取一次"非"，得到

$$C = A \cdot B = \overline{\overline{A} + \overline{C}}$$

可见"与"不是独立的，它可以用"非"和"或"组合出来。类似地，"或"也可以用"非"和"与"组合出来。

"与""或""非"这三种逻辑操作中只有两个是基本的，利用它们可以组合出其他各种逻辑关系。图 2.4 给出一些电子计算机中常用的基本"门"电路的符号。使用这些符号的好处，是绕开各种器件和电路的细节，清楚地表示出电路的逻辑结构和工作原理。

我们不可能在这本小册子中讲述逻辑电路和逻辑设计这门学问。

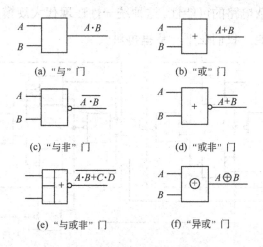

(a) "与"门　　(b) "或"门
(c) "与非"门　　(d) "或非"门
(e) "与或非"门　　(f) "异或"门

图 2.4　常见逻辑电路的符号

只举一个例子，二进制全加法器。它在两个二进制数相加时，完成其中一位上的全部操作，即把相应位上的 X 和 Y 加起来，同时考虑可能由低一位送过来的"进位" C，除了在这一位上得到"部分和" S 之外，还可能往高一位进 D。X、Y 和 C 这三个输入量，可能有以下 8 种组合与相应结果：

加数 X	被加数 Y	自低位来 C	部分和 S	往高位进 D
0	0	0	0	0
0	0	1	1	0
0	1	0	1	0
0	1	1	0	1
1	0	0	1	0
1	0	1	0	1
1	1	0	1	1
1	1	1	1	1

从这个真值表，不难写出输出量 S 和 D 与输入量的逻辑关系：

$$S = \overline{X} \cdot \overline{Y} \cdot C + \overline{X} \cdot Y \cdot \overline{C} + X \cdot \overline{Y} \cdot \overline{C} + X \cdot Y \cdot C$$
$$D = \overline{X} \cdot Y \cdot C + X \cdot \overline{Y} \cdot C + X \cdot Y \cdot \overline{C} + X \cdot Y \cdot C$$

（每列中的 1 要"或"起来，而其中每一个又要求左面的三种值同时成立，即"与"起来）。这两个式子还可以用各种办法化简和变换。其中一种方案是只使用"与非"门来实现全加法器（图 2.5）。请注意图 2.5 虚线框中的结构又是完全相同的，这就开辟了用统一的模块组成各种复杂电路的可能性。这种统一性在现代大规模集成电路中得到了空前发展，我们在下一章里再讲。

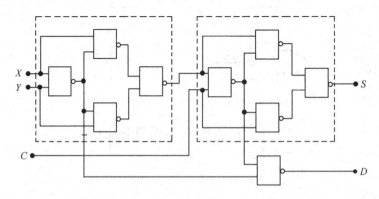

图 2.5　只使用"与非"门的一种全加器

像上面那样把 S、D、Y、$\overline{C}$ 这些量之间的逻辑关系写成式子，经过变换和简化，设计出相应的逻辑电路。这一套方法基于"逻辑代数"，也叫作"布尔代数"。

逻辑代数的发展史，又是基本理论走在工业技术前面的一个好例子。"文化大革命"中有一篇大批判文章宣称："由于计算技术的需要，产生了逻辑代数。"这是不顾历史事实或对历史无知的武断。布尔在 1854 年提出这种代数的那篇文章，题目是"思维规律的研究"。1938 年现代信息论创始人之一香农用逻辑代数来分析由继电器和开关组成的电路时，电子计算机也还没有问世。

从继电器讲到逻辑电路，是一条直观的道路。不过上面的介绍中，完全没有提到时间、速度和功率消耗问题。实际的逻辑电路都是在接到一定的触发脉冲时才动作的。像图 2.6 和图 2.7 中的那些门，都还另有一些脉冲信号入口，用来适时启动它们，形成电信号在整个电路中的动态的"时空"分布，即沿着多条线路"你追我赶"的局面。这些时间脉冲来自计算机的心脏——中央时钟，并且由脉冲分配电路送到全机各处。电子计算机的速度，归根到底由中央脉冲的频率决定。ENIAC 的中央时钟脉冲是 0.1 兆赫，即每秒 10 万个脉冲，而现代计算机的时钟频率多在吉赫即 1GHz 以上，而且还要借助各种重叠并行的操作，使运算速度提高得更多。

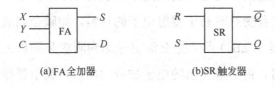

(a)FA全加器　　　(b)SR触发器

图 2.6　组合逻辑电路

为了减少信号在电路中的延迟，减少功率消耗，保持或恢复电脉冲的形状，通常还有许多附加的电路成分。不过即使是电子计算机的"硬件"工作者，直接设计和分析逻辑电路的机会也越来越少。他们拿到的已是由大量元件组成的能完成特定功能的"电路块"或"芯片"。

例如，早在 20 世纪 60 年代初期，全加器和触发器就可以只画成、而且实际上作成像图 2.6 所示的方块。人们只要了解各个出口与入口之间的逻辑关系，就可以着手拼凑更复杂的电路。

真空管"开关"

用上一节介绍的继电器制作"开关电路"（这是逻辑电路的别名），不可能达到很快的运算速度。道理很简单。继电器的开合，至少要推动舌簧上重约 10 毫克的银触点移动 0.2 毫米左右，而根据力学定律，这是不可能很快的。如果有办法驱动质量为 9×10^{-14} 克的电子来代替金属触点，那速度自然会高得多。实现这一要求的办法就是用真空管代替继电器。ENIAC 计算机采用了这一革新，因此可以说是第一台电子计算机。但是从设计思想看，它只是老式计算机的最后一个登峰造极者。

我们已经说过，早期的电子计算机不得不从无线电通信技术中借用各种元件。1883 年爱迪生在白炽灯泡中封入第二个电极，观察到单方向导电现象。1887 年汤姆逊证实了二极真空管中导电的是从阴极飞出的电子，它们具有一定的电荷和质量。1901 年里查森提出了热电子发射的理论。1904 年弗莱明获得了用二极真空管做检波器的专利。二极管检波器的道理也很简单。灯丝的外面套有一个称为阴极的小管，它涂有受热时易于发射电子的材料，如碱金属氧化物、氧化铯或六硼化镧（LaB_6）等。把交流信号加到阴极和阳极之间。当阳极处于正半周时，由阴极飞出的电子被吸向阳极，真空管导通。当阳极处于负半周时，电子被拒于阳极之外，真空管断路。

我们不再介绍已经过时的真空二极管结构，只借助现在用于半导体二极管的符号，讨论一下如何用二极管做出逻辑电路。图 2.7（a）是一个标准的二极管"与"门。当 A、B、C 任何一点处于 0 电位时，相应二极管处于正向导通状态。它的正向电阻比 R 小得多，可以略而不计，于是输出端 Z 处于相同的 0 电位。即使有一支或两支二极管不导通，也不影响 Z 点的零电位。只有当 A、B、C 三点都处于正电位，3 支二极管都不导通时，Z 点才处于正电位。如果我们采用所谓"正逻辑"的约定，把 0 电位看作逻辑 0（假），而把高电位看作 1（真），这就是典型的"与"关系 $Z = A \cdot B \cdot C$。

同理，图 2.7（b）在"正逻辑"下实现"或"的关系。

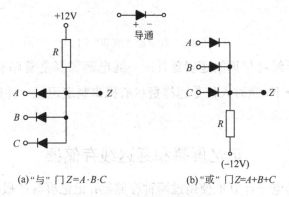

图 2.7 二极管逻辑电路

如果采用相反的"负逻辑"，"与"门和"或"门也就互换了。使用二极管比较难实现"非"门，但选用三极管又很容易做到。

1906 年德佛瑞斯在二极管的阴极和阳极之间加入了第三个网状的电极——栅极，制造了第一支三极真空管。由于靠阴极很近，栅极上的电位对于从阴极飞出的电子有显著的控制作用。当栅极处于负电位时，电子被"卡"住，真空管不导通，接在阳极回路中的负载电阻上没有电流通过，也没有电位降，于是阳极处于高（正）电位。当栅极处于正电位时，真空管完全导通，几乎没有正向电阻，于是可以认为阳极处于和阴极一样的低电位。我们看到，栅极的负、正电位，导致阳极的高、低电位，恰好实现了"非"的关系。用三极管还可以实现其他逻辑关系。图 2.8 是用两支三极管做成的"或非"门。在第三章中讲过半导体器件之后，我们会再介绍一些三极管逻辑电路。

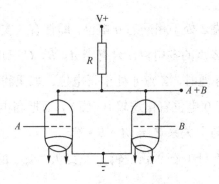

图 2.8　真空管"或非"门

　　我们已经对早期的逻辑器件——继电器和真空管略有所知。现在再回顾一下，当时人们是怎样费尽心机来制造记忆元件以实现存储器的。

记忆屏幕和延迟线存储器

　　早期的电子计算机使用过两种存储器：记忆屏幕阴极射线管，或者叫威廉斯管，以及超声波延迟线。由于它们各自利用了一些细致的物理效应，我们在这里稍作介绍。

　　阴极射线管屏幕玻璃和发光材料中的磷原子，具有大于 1 的二次电子发射率。这就是说，每当一个高速电子打到屏幕上，从被轰击点平均飞出的电子数目多于一个。因此，该点由于缺少电子而带有正电荷。相反，在该点附近的区域则由于接收到低速二次电子，反而变得带负电荷。这样，用一束断续的电子束扫过屏幕，就可以把 1（断）和 0（续）写到屏幕上。

　　为了读出信息，在屏幕的另一面设置电极。当读信号的电子束扫过屏幕时，靠电容效应从电极中取出信号，同时利用这一信号实现电子束的断续，以便记录在屏幕上的信息不被"读"操作破坏。这种"读出"带"重写"的办法，后来在磁芯存储器中也沿用下去。

　　多个阴极射线管可以并行或串行使用。1950 年前后，每个屏幕上可以存储 1024 位信息，相当于 32 个长度为 32 位的字。记忆屏幕至今还用于一些显示静态图形或文字的设备中。

超声波延迟线存储器的工作原理，基于艾克特对雷达用延迟线的一个巧妙观察。由于超声波在物体中的传播速度比电讯号慢得多，为了实现电讯号的延迟，就把它经过压电晶体换能器转变成超声波，在声介质中传播一定时间后，再经过第二个换能器变回电讯号。如果把一个脉冲调制到载波上，让它通过延迟线后又立即接回到延迟线入口端，那么这个脉冲就周而复始地保存在延迟线中。如果延迟的时间足够长，就可以把一大串脉冲保存在同一个延迟线回路中，用脉冲的有和无来表示 1 和 0。最初的延迟线由压电晶体换能器和水银槽构成，后来改用镍线圈和磁致伸缩换能。为了写入和读出信息，只要用适当同步了的信号去改变或感知调制脉冲。当然还要有其他的辅助电路来保持脉冲形状等。当年用作主存储器的设备，曾使用 32 个水银槽。每个槽长 1 米左右，可以实现约 1/1000 秒的延迟。

到 1954 年前后，这两种存储设备都被磁芯存储器所淘汰。磁芯存储器统治了计算机技术 1/4 个世纪之久，到 20 世纪 80 年代才日益被半导体存储器所取代。而现代大规模集成电路的动态随机存储器，又在一定意义上再现了当年延迟线存储的"动态"思想。这都是后话。

内部程序控制的冯·诺伊曼计算机

我们现在已经做好了技术上的准备，可以着手回顾冯·诺伊曼的划时代的设计思想。在总结 ENIAC 的基础上，冯·诺伊曼提出了一系列建议：

第一，新的计算机应当采用二进制数，而不是像 ENIAC 那样用十进制数。

第二，它应当有大得多的延迟线做的存储器。当时提出的是 1024字，比 ENIAC 大 5 倍。然而，这比 20 世纪 80 年代的个人计算机的存储量要小得多！冯·诺伊曼还提到了用记忆屏幕做存储器的可能性。

第三，冯·诺伊曼对存储器和运算器的逻辑设计作了十分具体的安排。因此，这台比 ENIAC 大得多的计算机只使用了 3600 支真空管，即 ENIAC 的 1/5，于是可靠性也大为提高。

然而，这一切都不是最重要的。

冯·诺伊曼的最重要的建议，是采用"内部程序"或者叫"存储程序"控制，即把计算机应执行的一串指令（它们组成"程序"），像数据一样放在存储器里，然后由计算机自动取来一条指令加以分析、遵照执行，再取下一条指令分析执行，如此继续。一旦实现了这一思想，计算机就具备了最广泛的通用性。在研制计算机时，可以根本不必过问将来用它解决什么具体问题。有了计算机之后，要做什么事就编什么程序。这可能是解微分方程、下象棋、编制工资表或者提出防空作战方案，等等。只要用指令写出正确的程序，计算机就可以不需人的干预，自动执行到底。这真是人类历史上从来没有过的一类新机器，它注定要改变整个社会生产和生活的面貌。为了真正理解内部程序控制的意义，我们还是先看一些其他机器的工作方式。

自动洗衣机是按照固定程序动作的专用机器。启动之后，它按时间顺序完成一系列操作，直到停机。有些操作的时间长短可以事先设定，但是它只会做与洗衣有关的几件事。

家用缝纫机倒是一种相当通用的机器，可以用它缝制出各色各样的衣服。这是因为它配备了一种最好的控制器——有经验的人手。

纺织工业中用来编织花纹图案的织机，有一些是外部程序控制的机器。这些花纹图案编码成长长的穿孔纸带，织机上的一些触针探测纸带上的孔，决定编织动作。

前面介绍过的 ENIAC 计算机，具有相当完备的程序控制。每次计算之前，必须扳动一大批开关，接通许多插头，来规定计算步骤。在这里，数据和程序是颇为不同的对象，用不同的方法来保存或实现。

冯·诺伊曼头脑中发生的一个"飞跃"是：要计算机做的事情都可以"编码"，变成一种同数据一样的对象，和数据一样放在存储器中。为了更清楚地说明冯·诺伊曼的想法，最好是由我们自己来设计一台假想的计算机。然而，在下面介绍的假想设计方案中，还多少反映了一点冯·诺伊曼之后才发展起来的技巧。

计算机首先要有一个主存储器。假设存储器有 16 个单元，或者说 16 个字，每个单元长度为八位二进制，因此可以存放从 −128 经过 0 到 +127 之间的任何一个整数。给这些单元编一个顺序号，称为地址。单元地址从 0 排到 15，共 16 个。每个单元最左面的一位用来表示数的正负号：正数为 0，负数为 1。剩下的七位用来保存整数本身。正数照原样存放，而负数采用所谓"二进制补码"表示。

我们用一个实例来说明二进制补码。考虑 −18 这个数。首先，用二进制写出 +18 这个数（总共用八位二进制时）：00010010。然后把每个 0 换成 1，1 换成 0，得到二进制"反码"11101101。再在最右面一位上加 1，得到 11101110。

这个 8 位二进制数写成两位 16 进制数是 EE，这就是 −18 的二进制补码形式。二进制补码的引入，统一了运算器内部的加减操作。

运算器是完成计算的部件，自然是不能缺少的。假定运算器中有两个和内存单元相像的寄存器，分别称为 A 和 B 寄存器。一切算术运算都是在 A 和 B 这两个寄存器之间完成的。例如，加法就是把 A 的当前内容加上 B 的内容，再放回 A 中。乘法是 A 的当前内容乘上 B 的内容，结果可能超过八位，那么低八位放在 A 中，高八位放在 B 中。作除法时，则把 A 的当前内容除以 B 的内容，商放在 A 中，余数放在 B 中，等等。

运算器中还有两个各自只占一位二进制的"标志"，用来反映运算结果的某些性质。我们给这两个标志分别命名为 ω 和 C。运算结果是零时，$\omega = 0$，结果不是零时，$\omega = 1$。运算结果"溢出"，即在八位字长中放不下时，$C = 1$，否则 $C = 0$。从前面的叙述知道，每个标志可用一个双稳态触发器实现。这些标志的作用，看到后面才会清楚。

一张假想的"机器指令"表

现在来规定这台计算机能完成的基本操作。首先要制定"指令格式"。同数据一样，每条指令占一个单元，即 8 位二进制。把 8 位分成两段。前 4 位可用来表示 16 种不同的操作，称为操作码。后 4 位指明与该操作发生关系的单元地址，或者进一步规定操作的细节，统称为地址码。表 2.1 给出全部"机器指令"的结构。我们的目的仅仅在于说明基本精神，因此并未关心这组指令的完备性和合理性。表中有许多注明"未用"的空位，就表明大有改进余地。读者也不必为那么多细节迷惑，只要有一点"实际"感就成了。现代大型计算机往往有几百条长得多的指令，但一般用户根本不知道它们。

表 2.1　一台假想计算机的指令结构

操作码				地址码			
0 位	1 位	2 位	3 位	4 位	5 位	6 位	7 位
0（与地址无关）	0	0	0（空操作）	未用			
			1（停机）	未用			
		1	0（冲零）	0（A）	未用		
				1（B）			
			1（减1）	0（A）	未用		
				1（B）			
	1	0	0（算术）	0	0（加）	未用	
					1（减）		
				1	0（乘）		
					1（除）		
			1（A 移位）	0（左移）	移动位数		
				1（右移）			
		0	0（传送）	0（A→B）	未用		
				1（B→A）			
			1（输入输出）	0（写）	0（由A）	设备代码	
					1（由B）		
				1（读）	0（到A）		
					1（到B）		
1（与地址有关）	0（与寄存器无关）	0（改内容）	0（置0）	单元地址			
			1（加1）				
		1（转移）	0（ω=0转）				
			1（ω=1转）				
	1（与寄存器有关）	0（A）	0（送出）				
			1（取入）				
		1（B）	0（送出）				
			1（取入）				

我们从表 2.1 中选几条指令看看：

二进制形式	十六进制形式	意义
00010000	10	停机
01000100	44	$(A) - (B) \Rightarrow (A)$
01111101	7D	从第 1 号设备读一个数到 B 中
11101110	EE	把 B 寄存器的内容送到第 14 单元

这里的记号遵从一条约定：A 代表地址，而 (A) 表示地址 A 的内容，即存放在那里的数或指令。我们看到，同是 EE 这样的八位信息，作为数据表示 -18，而作为指令代表"把 B 寄存器的内容送到存储器第 14 单元"。这就是冯·诺伊曼把指令和数据同样看待的灵活和强大之处。

我们的计算机还需要有一个称为"控制器"的部件。它把指令从存储器中一条一条顺序取来，加以分析和执行。所谓分析和执行，就是根据指令各位上是 0 还是 1，去接通相应的逻辑电路，完成所规定的处理。读者立刻可以想到，被处理的对象完全不必限于数据，而可能是另一条指令。用程序来加工和产生另一些程序，这就开辟了崭新的天地。我们在第四章里再回到这个新天地。

表 2.1 里的指令有不少变化花样。例如，输出输入指令虽然各只有一条，但设备代码占用两位，可以各指定四种设备。这里已经包含了后来发展起来的"输入输出通道"或"输入输出总线"的概念。每一条通道上可以用统一方式接许多台设备，而以设备代码来互相识别。又如"寄存器内容减 1"这条指令和"$\omega = 1$ 转移"指令结合，就可以使一段程序重复执行许多次，实现一组循环。

请看下面几行指令组成的一小段程序：

单元地址	指令内容	16 进制写法	说明
1	01111101	7D	从 1 号设备读一个数到 B
2	...	...	只涉及 A 的
3	...	...	某种处理
4	00111000	38	B 的内容减 1，如剩 0 则 $\omega = 0$
5	101100010	B2	$\omega = 1$ 时转到 2 单元
6	00010000	10	停机

这段程序包含两条没有具体写出来的处理指令（第 2、3 单元）。事先从 1 号设备（例如打字机键盘）把循环次数读到 B 寄存器中。每处理一次，B 的内容就减 1。B 的内容不是 0 时，运算器自动置标志 $\omega = 1$，第 5 单元的"$\omega = 1$ 转移"就使控制器回头去取第 2 单元的指令来执行。当 B 减 1 剩 0 时，标志 $\omega = 0$，第 5 单元的转移指令不起作用，于是往下执行第 6 单元的"停机"指令，结束处理过程。如果最初读到 B 里的数是 10，就循环处理 10 次；如果是 200，就重复执行 200 次。这是何等灵活啊！

我们同时还看到，用直接规定能够启动逻辑电路的 0 和 1 来编写程序，又是何等烦琐易错。无论多么复杂的计算过程，都必须分解成几百条甚至数万条"机器指令"（或者叫"机器语言"）的序列。冯·诺伊曼和哥德斯坦当年花了很大功夫研究程序设计的原则和技巧。他还同一大批人合作，把各种数学问题化为可以编写程序的算法。这些努力现在发展成为计算机科学和计算数学两大领域。有志趣的读者，可以在冯·诺伊曼全集的第五卷中找到这些早期文献，其中许多文章今天读起来仍然津津生味。

计算机的指令数目经历了从少向多、又从多到少的简化过程。1980 年前后 IBM 公司及美国加州的两所大学对指令的使用频度进行了定量分析，取消了极少用到的指令，把腾出来的芯片空间用来改进常用指令的效率。"简化指令集合计算机"（简称 RISC），是一个巨大成功。RISC 概念的最初提出者寇克获得了计算机科学界的最高奖——图灵奖。1986 年以来苹果、IBM 和摩托罗拉公司使用的 PowerPC 微处理器，Sun 公司的 SPARC 工作站，以及 IBM 的 RISC/6000 系列工作站，都是 RISC 机器。英特尔芯片起步和定型较早，但后来的发展也受益于对指令系统的定量分析。

概括起来说，冯·诺伊曼计算机具有图 2.9 所示的总体结构。根据冯·诺伊曼的设计思想制造出来的第一台电子计算机简称 EDVAC。

它使用了 3600 多支真空管，一万多支锗晶体二极管。23 条汞延迟线存储器提供了 1024 个长 44 位的字。它的中央时钟频率是 1 兆赫，即每秒钟发 100 万个脉冲。它的指令没有采用像表 2.1 中那样的 "单地址" 形式，而是由四位操作码和四个十位地址码组成的 "四地址指令"。EDVAC 从 1952 年起正常运行，到 1962 年年底 "退休"，住进了博物馆。

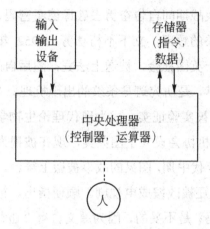

图 2.9　冯·诺伊曼计算机的总体结构

这一时期，出现了多种按冯·诺伊曼思想设计出来的计算机。这些计算机的一项重大改进，就是开始使用磁芯存储器。不过，我们在结束关于早期计算机的介绍之前，还应当特别指出，人类科学、文化和技术历史上的重要思想，往往由不同的人物或先或后地独立提出。德国的皮鞋匠狄慈根曾经独立地发现辩证唯物主义。冯·诺伊曼也不是现代计算机概念的唯一发明者。

19 世纪曾任英国剑桥大学数学教授的巴比奇，据说一天课也没有讲过。但他发明和研制 "逻辑机器" 和 "解析机器"，确曾提出过不少后来在电子计算机中体现的概念。现在美国明尼苏达州大学有一个以巴比奇命名的研究所①，专门从事信息技术历史的研究。

---

① 参看网址：http://www.cbi.umn.edu。

　　顺便提一下，几十年前英文中 computer 一字的意思是"计算员"，计算机则要专门冠以"自动"，称作 automatic computer。什么问题才可以自动计算？涉及深刻的数学概念。天才的英国数学家图灵在1936年回答这个问题时，建议了纸上谈兵的万能的"通用计算机"，现在称为图灵计算机。冯·诺伊曼计算机只是功能远不及图灵机的一种具体实现。我们在第七章讨论计算复杂性时还要再回到图灵机。图灵在第二次世界大战期间自告奋勇去破译德军密码，曾经担任英美联合的密码破译机关的顾问，立下不朽功劳。1952年他因为有"断袖之癖"而不见容于英国社会，被送上法庭；随后自杀，终年42岁。他最后的科学贡献，是研究斑马条纹的出现机理。"图灵斑纹"的机理在1990年前后被实验证实，成为现代理论生物学中的重要概念。1966年美国计算机协会设立了图灵奖，现在被视为计算机科学界的最高荣誉。1980年代中期，图灵的故事被搬上舞台。话剧 *Breaking the Code* 风靡一时，还被改编成电视剧。顺便指出，把剧名简单地按字面译成《破解密码》是不妥的，因为原文含有"违背社会规范"的双关涵义，言简意赅地概括了图灵的悲剧人生。

图灵（1912～1954）

　　最后，如果不提到一位没有受到重视的现代发明家，那也是不公正的。德国的建筑工程师祖瑟在1941年曾经制造了一台处理二进制浮点数的程序控制计算机，它具有用继电器构成的64字主存，可以

图灵构想的计算机

进行加、减、乘、除和开平方运算，以及二进制和十进制之间的转换。祖瑟的成就没有引起德国军方的重视（这也许是一件幸事），机器本身也在盟军轰炸柏林时毁坏。由于无法得到电路元件，祖瑟转而研究程序设计，发明了一种算法语言。这一切都是在与世隔绝的条件下完成的。战后祖瑟开办计算机公司的事业也不顺利。企业被西门子公司吞并之后，祖瑟开始在大学中过学者生涯，这时他才得到社会承认。当 1975 年联邦德国一座小城镇授予祖瑟荣誉公民称号时，他已经"垂垂老矣"！

磁性存储元件

制备永久磁铁的"硬磁"材料，在没有外加磁场时，也能保持磁化方向。这是一种记忆效应。只有加足够大的反向磁场，才能使磁化方向反转。因此，如果选取具有单一易磁化方向的材料，令顺反两种磁化方式分别代表 1 和 0，就可以用来保存二进制信息。

1940 年后期，有几组科学家同时想到用硬磁材料做成圆环，靠通过环孔的电流脉冲来改变磁化方向。1950 年美国麻省理工学院的福雷斯特研制成功基于这一原理的磁芯存储器，学院把这一技术卖给了 IBM 公司。最早使用的是含镍合金环，很快就改用类似陶瓷的非导体材料—铁氧体环。铁氧体是基于过渡族元素铁、钴、锰、镍等的氧化物，既有硬磁材料，也有软磁材料。所谓软磁材料，是放在磁场中才磁化，取消磁场后磁化也随之消失的材料，通常用作电磁铁、变压器、继电器铁芯的都是软磁材料。用作磁芯的多是含镁锰或镉锰的铁氧体。

单个磁芯的工作原理很简单（见图 2.10）。用一个足够大的正电流脉冲，使磁环顺时针方向磁化（图 2.10（a））。把这个方向称为"0"。这时加反方向的电流脉冲。如果脉冲的幅度不够大，磁化状态不会改变。只有脉冲幅度超过 $-I_m$ 时（见图 2.10（b）），磁化方向才会反转过来，成为"1"状态。要从"1"回到"0"，必须加幅度大于 I_m 的正向电流脉冲。图 2.10（b）中的磁滞回线接近矩形，最合乎记忆元件的要求。相应材料特称为"矩磁材料"。

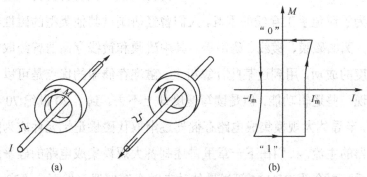

图 2.10　单个磁芯的磁化状态

为了把信息写进去和读出来，需要在磁芯中穿过多条导线。人们发明了各种方案，其中最常用的办法之一，是穿四条线，包括一条读出线和一条禁止线。磁芯的尺寸愈小，所需的驱动电流和功率消耗也愈小，而开关时间也缩短。同时小磁芯可以更密集地排成阵列，减少电信号在导线中的延迟。因此，从 1953 年取代延迟线存储器以后，磁芯尺寸越做越小。磁芯外内径之比（以毫米为单位），从 2.0 / 1.3 缩小到 0.18 / 0.10。最后一种磁芯的内径，已经和人头发一般粗细。

然而，磁芯愈小，穿线排阵的工艺愈难。以 0.5/0.3 的磁芯为例。为了制造 16 384 字、字长 32 位的存储器，需要穿 32 块 128×128 的磁芯板。磁芯板的尺寸大约是 16 厘米×16 厘米。这都是靠手工完成的。穿磁芯过程中如果碰破一个磁环，就前功尽弃。世界各大计算机厂商，曾经大量利用亚洲的廉价妇女劳动力来穿磁芯。这和计算机工艺其他方面的高度自动化，形成尖锐对照，也说明存储元件还没有达到可以同计算元件相匹配的水平。

IBM 公司当年购买麻省理工学院的磁芯存储技术时，曾经提议按将来每生产 1 个磁芯付 1 美分的方式计价。麻省理工学院由于对未来市场发展没有把握，宁可做了"一锤子买卖"，把技术"卖断"。

后来全世界的磁芯需求量完全超乎最初的想象。仅在 1968 年美国就穿了 200 亿个磁芯。早知如此，麻省理工学院当年应当欣然接受 IBM 的建议。

为了避免手工穿线的困难，人们曾经研制过其他类型的磁性存储元件，例如磁膜、镀线、磁泡等。其中磁膜和镀线存储器曾经取得一定程度的成功，用到过某些计算机上。磁泡存储器的优点是可以自然地实现一些逻辑功能，但是读写速度却上不去。到了 20 世纪 70 年代后期，半导体大规模集成电路存储器逐渐取代磁性记忆元件成为随机存储器的主流。我们在下一章里讲述制备大规模集成电路的硅平面工艺以后，再介绍 DRAM 等半导体动态随机存储器。然而，"30 年河东、30 年河西"，随着纳米级的半导体器件的结构逐渐接近物理极限，新型的磁性随机存储器可能再度称雄。现在 MRAM 这样的缩写已经出现在科学文献和厂家的广告里。MRAM 的工作原理基于自旋极化电流及其隧道效应，必须借助量子物理才能说清。我们在第九章里讲"自旋微电子学"时再继续讨论。

我国的第一台电子计算机

1956 年全国自然科学发展规划强调要抓好电子学、自动化、半导体、计算机这些空白薄弱的领域。中国科学院建立了全国第一个计算技术研究所。一批来自四面八方的年轻人和少数在国外受过教育的科学工作者团结在一起，夜以继日地为研制我国第一台电子计算机而奋斗。1959 年 9 月这台电子计算机通过国家鉴定，正式宣告制成。事实上它在这以前已经运转了一段时间。

这台代号为 104 的电子管计算机，在国家电子计算机系列中的正式型号是 DJS-1（DJS 是电子、计算机、数字式三个词的汉语拼音字头）。然而几十年来它的研制者和老用户一直亲切地叫它 104 机。104 机使用了 4200 支真空管和 4000 多支二极管，每秒钟可以进行 10 000

次浮点数运算。它的磁芯体内存只有 2048 字，字长 39 位，按字节计算还不足 10KB。此外，它还有两台磁鼓和一台 1 英寸宽的磁带机作为外存。那时还不懂得磁带的"封写"保护可以而且应当放在每一盘磁带上，因此在磁带机上专设了一个"封写"开关。往往前一个用户把磁带机"封"了，下一个用户怎么也写不进去，还以为机器出了故障。现在来看真是个笑话。

事实上，真空管计算机也经常出故障。最常见的故障是机器偶然"跳动"，破坏了正常的计算过程。老程序员们谁也没有遇到过 104 机连续运转 4 小时不出故障的顺利情况。人们不得不把计算"现场"轮流记到两个磁鼓上，随时准备排除故障再调出来继续计算。

104 机也是一座庞然大物。它耗电 70 千瓦，备有专门的电动机-发电机组，占据着很大的机房，要求一支人数众多的维修班子日夜伺候。它的总体"资源"和处理能力，赶不上 20 世纪 80 年代初的一台个人计算机。就是这样一台"体大才疏"的机器，为中国人民立下了不可磨灭的历史功勋。国防建设和科学研究的许多重大问题靠它求解，多少软硬件人才在它周围成长。三年困难时期（1960～1962），国防科研战线上的无名英雄们，曾经饿着肚子在三更半夜起来上机，创造出使中华民族扬眉吐气的伟大业绩。1973 年 104 机悄然隐退。本来在中国科学技术发展的历史博物馆里，它应当占有一席之地，"文化大革命"（1966～1976 年）中这又怎么能做得到呢？

足以使我们感到欣慰的是，104 机曾经有过众多后代。我们在第四章里还会提到，这些国产计算机都曾为我国两弹一箭的伟大事业和国民经济的发展做出过不可磨灭的贡献。那些在被封锁孤立的国际环境中自力更生、艰苦奋斗的岁月，当然算不上我国科学技术发展的黄金时代，却已经作为伟大的英雄时代载入了史册。

现在国产大型计算机已经闯入世界 500 强。不过，我们要先讲一点半导体的故事，才能继续叙述。

第三章
"于无声处听惊雷"——半导体的崛起

　　科学、技术和生产三者的关系，包含着许许多多中间环节和过渡阶段，要经历各种层次的"反馈"和"前馈"。现代科学技术史上的重大突破，有一条共同规律：它们并不来自当时社会生产的直接需求，而是在生产和技术提供的整体背景上，出现在安静的科学实验室中。当前的生产需求只能导致技术革新，为了认识世界而进行的包括理论分析在内的科学实验才会引发科学和技术的革命。不是改进蜡烛的工人发明了电灯，电动机也没有诞生在内燃机工厂，电子计算机的出现与手摇或电动计算机的制造几乎没有关系。基础科学的进步比解决任何一个生产厂家的要求，更有效地推动着社会历史前进。"于无声处听惊雷"——这是科学发展的历史事实和基本规律。

　　19 世纪上半叶，当提高蒸汽机和内燃机效率曾是生产技术提出的最迫切要求之时，安培、奥斯特、法拉第这些物理学家却在潜心研究电流如何使磁针偏转，电流又如何彼此相吸和相斥。掌握了物理规律，电动机和发电机就在 19 世纪 60 年代应运而生。电气化的时代开始了。

　　热机研究有一项并不十分引人注目的副产品，这就是真空技术。它使得物理学家们能够把玻璃管抽成真空或充以各种气体，研究放电时产生的五颜六色的光线，这些 19 世纪下半叶物理实验室里的玩意儿，与当时的生产技术有多少关系呢？然而原子光谱和量子力学、X射线和放射性，这些改变了20世纪生产面貌的重大进展，哪一件不与气体放电的研究有关呢？就连20世纪上半叶广泛用于无线电通信的电子管，也是气体放电和真空技术的直接后果。

我们从第二章已经知道，电子计算机问世时，并没有自己的"专用"元件。它从无线电通信技术中借用了各种电真空器件，电阻电容元件和继电器。半导体元件最初也不是为计算机研制的。然而，如果说20世纪后半叶半导体工业的发展，主要是适应电子计算机和整个信息技术的需求，这已是毫不过分的话。从20世纪60年代以来半导体技术发生的巨大变革，是以物理学基础研究近百年的成果为前提的。

没有用武之地的半导体

本书第一章开头，我们曾提到人类生产技术和科学文化发展的"加速度"规律。那是从历史尺度看整体进步的图像。这绝不意味着，任何一项"科技成果"都会转化成生产力，"向生产力的转化"都会"越来越快"。半导体从没有用武之地的"闲材"，变成人类数字文明的物质基础，经历了150年以上的研究和发展过程。化学家和物理学家们做出过无以计数的大大小小的发现和发明，才使其最终成为独立的技术科学和工业门类。

19世纪电工技术的需求，促使人们去研究各种材料的导电性质。人们最感兴趣的首先是那些良好的导体——铜、银、铝、汞，以及许多其他金属和合金，它们的室温电导率高达$10^4 \sim 10^6$（欧姆·厘米）$^{-1}$。不导电的绝缘材料也是电机工业离不开的，它们的电导率低达$10^{-22} \sim 10^{-10}$（欧姆·厘米）$^{-1}$。在导体和绝缘体之间，电导率介于$10^{-9} \sim 10^3$（欧姆·厘米）$^{-1}$的材料，自然称作半导体。在很长一段时期，半导体被认为是对于电工技术没有多大用处的材料。

　　许多种矿石，元素周期表第四、五、六族的非金属元素，一些合金和有机染料，都属于半导体的范围。作为化学元素，1817 年发现硒，1811 年分离并在 1823 年确认了硅。1850 年注意到，同金属相反，半导体硫化银的电阻随温度上升而下降。这在以后相当长的时期曾用做半导体的判据。1886 年发现了锗，1891 年合成了并不存在于自然界中的碳化硅。硒曾经长期用作玻璃的染色和去色剂，而碳化硅一直用作高级磨料，高温电阻和耐火材料。1883 年发现了硒整流作用，1920 年以后开始生产硒整流器，这就是至今仍在使用的"硒片"和"硒堆"。1926 年半导体氧化亚铜（Cu_2O）也用于生产整流器。

　　在 1923 年肖特基初次提出固体整流理论时，就曾指出这种整流器与三极真空管有类似之处。然而，真正自觉地利用半导体的电性质，还要等待科学和技术的两项重大进展。其一是把量子理论用于固体，真正理解"半导"性质的根源。其二是制备高纯材料的方法。前者在 1928～1940 年期间实现，而后者在 1935～1950 年期间才臻于完备。顺便指出，制备高纯材料的要求，并不是出于当时还不存在的半导体工业，而主要是由于核技术的需要。

　　原来半导体的许多美妙性质，并不来自纯半导体本身，而是源于其中的杂质。只有学会先把半导体材料高度提纯，再有控制地掺入杂质，才能得到技术上有用的材料和结构。我们要强调"结构"二字，因为现今广泛应用的半导体器件，都是由特定材料制成特殊结构来实现的。

电子能带、p 型和 n 型半导体

　　半导体物理学是超出本书范围的一门学问。然而，为了理解计算机技术的物质基础，我们必须扼要地讲一点基本概念。半导体和金属的差别，并不在于它们的电阻率数值悬殊，而在于完全不同的

电阻温度关系。金属在升温时，电阻率上升，而且通常遵循线性律

$$\rho = \rho_0 + aT$$

这里 T 是绝对温度，a 是一个正的常数，其数值随金属而异。早在 1833 年法拉第就首次注意到半导体在升温时电阻率下降。后来知道它遵从指数规律

$$\rho = \rho_0 e^{-\frac{\Delta E}{kT}}$$

这里ΔE 是某种"激活能"，下面再详细讨论；k 是玻尔兹曼常数。温度 T 乘上 k 便具有能量的量纲，$\Delta E/kT$ 就成为没有量纲的数。

要理解金属和半导体电阻温度关系的差别，必须讲一点固体量子理论，即能带理论。束缚在单个原子上的电子，能量限制在特定的"能级"上，而运动限于原子附近的空间。取两个完全相同的原子来，只要原子之间没有相互作用，它们就具有同一套"能级"，或者说每一个"能级"都是由两个能级重叠而成的。用量子力学的语言说，每个能级都是"二重简并"的。取 N 个没有相互作用的原子，就有一套 N 重简并的能级。现在让原子间的距离逐渐缩小，原子间出现相互作用。一个原子上的电子有可能跳到其他原子上去，原来简并的能级渐渐展宽成一个条带。最后，这些原子排列成固体晶格，每个能级展宽成一个能带。图 3.1 是碳原子能级如何发展成金刚石能带的示意。能量低得多的 $1s$ 能级没有画出来，它的展宽也不显著。

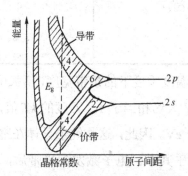

图 3.1　金刚石能带的形成示意

图中数字是平均到每个原子的量子状态数目

原子中的电子要"填充"到这些能带中去。每一个量子状态上填一个电子，不能有两个电子占据完全相同的电子状态（这就是量子力学中的"泡利原理"）。在碳原子的情形下，每个原子有 6 个电子，其中两个 $1s$ 电子照原样填入由 $1s$ 能级变成的能带，因此这个带是填满的，而且深深地处在图 3.1 下方没有画出来的地方。剩下的 4 个电子，恰好填入由原来 $2s$ 和 $2p$ 混合而成的"价带"，而上面的"导带"完全空着。这时外加电场并不能使电子加速，因为加速意味着电子的能量增大，而"价带"上面能量稍高的区域里不存在允许的量子状态（这就是"禁带"或者"能隙"，其宽度记作 E_g）。除非外加电场太强，所提供的能量足以使电子一步跳到空着的"导带"中去——这实际上是发生了电击穿现象。按照上面的理解，绝缘体和半导体只有定量的差别，并无本质上的不同。绝缘体的禁带较宽，而半导体的禁带较窄。在一定温度下，只有相当少的电子被热运动激发到导带中，其数目比例于 $e^{-E_g/kT}$，这是半导体和绝缘体的电阻都在升温时指数减少的原因。表 3.1 列出了几种纯材料的禁带宽度。

表 3.1　本征半导体的禁带宽度

材料	E_g（eV）
金刚石	5.4
碳化硅（六角）	3.0
硅	1.17（1.14）
锗	0.744（0.67）
砷化镓	1.52（1.43）

表中给出绝对温度零度下的禁带宽度，括弧中是 300K 即室温附近的禁带宽度。1eV 大约相当于 1.2 万度的 kT 值，或者说室温下 $1kT$ 只相当于约 1/40 个 eV。因此，这些纯半导体在室温下靠热激发到导带中的电子数目微乎其微。电子激发到导带后，在价带顶部留下的空位置，给能量较低的电子提供了增加能量、参加电导的可能性。这些空位置对电导的贡献，称为空穴电导。导带中的电子和价带中

的空穴，统称为"载流子"。室温下纯半导体材料中载流子数目很少，电阻率也很高，特称为"本征半导体"。

我们顺便介绍一下金属电导。如果能量较低的能带全部填满，而最后一个能带只填充了一部分。这时只要外加一点点电场，靠近填充边界（这个边界有专门名字叫"费米能量"）的电子可以容易地从电场获得能量，进入能带中的空区，参加导电。因此，金属中是不愁载流子来源的。在理想的规整晶格中，金属电子可以通行无阻，只是速度慢一些，但也可以达到 10^8 厘米/秒的量级以上。那么，电阻的来源是什么呢？电阻来自电子和晶格中的不规整性的碰撞（或者叫"散射"）。不规整性主要有两种，一是杂质，二是组成晶格骨架的那些原子的热运动。温度愈高，晶格热运动愈剧烈，电阻也就上升。这是金属电阻随温度上升的原因。这种电阻机制在半导体中也起作用，不过载流子数目随温度指数增加，压住了散射增强的效果。

图 3.2 是绝缘体、本征半导体和金属能带的示意图。我们只画了与电导关系最大的导带和价带，没有标出能量更低的各个满带和能量更高的空带。

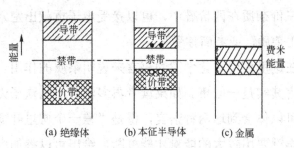

(a) 绝缘体　　　(b) 本征半导体　　　(c) 金属

图 3.2　固体能带示意

实际半导体的电阻不很高，是由杂质造成的。考虑四价硅的晶格，它很容易用平面图形示意。每个硅有 4 个价电子，它们与 4 个邻居的价电子分别配对组成化学键。如果晶格不纯粹由硅原子组成，而混入了少量五价元素（如磷、砷、锑等），那么杂质上的 5 个电子，只有 4 个电子参加配对成键，剩下 1 个电子悬在那里，只需要很少的能量就可以使它脱离开原来的杂质，在晶格中游走并参加导电（图 3.3（a））。五价元素在四价本征半导体中成为贡献电子的杂质，称为电子施主或简称施主。

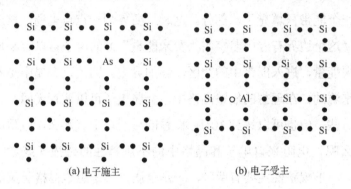

(a) 电子施主   (b) 电子受主

图 3.3　硅中的杂质

相反，如果在硅中混入了少量三价元素（如硼、铝、镓、铟），在配对成键时就会出现空缺（图 3.3（b））。空缺附近的硅原子上的电子，只要得到很少的能量就可以脱离原位，转入这个空缺，其效果是空缺搬家，在晶格中游走。特别在外电场中，空缺移向电势较高的地方，作用像是 1 个带正电荷的载流子，这称为空穴导电。一句话，三价杂质在四价硅中，可以接受电子贡献出空穴，因此称为电子受主杂质，或者简称受主。

我们在这里使用了化学键的语言来说明杂质的作用。这和前面的能带语言其实是一回事。如果读者再多学习一些量子力学和固体理论，就可以体会到这两种语言，像是"差一个傅里叶变换"。配好对的化学键要用较大的能量才能打断，给出可以参加电导的电子和空穴，这相当于说禁带宽度很大，在导带底部和价带顶部造出 1 个"电子空穴对"要花费较大能量。五价杂质上的电子很容易脱离原位，参加电导，这相当于说施主能级的位置很靠近导带顶，电子很容易激发到导带中去参加电导，而在杂质能级上留下对电导没有贡献的空位（图 3.4（a））。掺有五价杂质的四价半导体，载流子主要是来自施主杂质的电子。电子是带负电荷的，根据英文 negative

（负）的第一个字母，这种材料称为 *n* 型半导体。

　　四价半导体中的三价杂质，很容易接受电子而提供可以参与电导的空穴。这相当于说受主杂质能级的位置，在禁带下部靠近价带顶的地方（图 3.4（b））。价带中的电子很容易激发到杂质能级上，在价带中留下空穴。杂质能级实际上也是很窄的能带，其中的电子"跑不动"，对电导没有贡献。价带中空穴载流子的运动，相当于正电荷转移。根据英文 positive（正）的第一个字母，这种材料称为 *p* 型半导体。

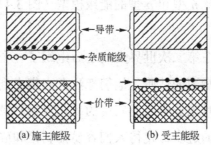

图 3.4　杂质能级的位置

　　表 3.2 中给出几种施主和受主杂质在锗和硅这两种四价半导体中的能级位置（大致是到相应带顶和带底的距离）。可见它们的数值变化范围不很大。这是所谓"浅能级"。浅杂质能级的"共性"很强。这就是说，重要的是存在某个三价或五价杂质，杂质究竟是哪种原子影响倒不大。浅能级的性质目前已有很好的了解。另外还有许多杂质原子可以在禁带中部形成"深能级"，它们的个性很强，而且往往是影响半导体器件质量的"坏分子"。

表 3.2　杂质能级的观测值（eV）

杂质		硅	锗
施主	磷	0.046	0.013
	砷	0.054	0.014
	锑	0.043	0.010
受主	硼	0.045	0.010
	铝	0.068	0.011
	镓	0.071	0.011
	铟	0.151	0.012

半导体器件的崛起

第二次世界大战期间，半导体整流和检波器件曾经广泛用于通信和雷达设备。这是一些靠金属和半导体接触而制成的二极管。由于发现触须式无线电检波器的质量与所用硅材料的均匀程度有关，人们开始研究提纯硅的工艺，并发现硅的电导率与痕量杂质有关。这时第一次出现了 p 型硅和 n 型硅的术语：金属和硅的整流接触，如果在硅接正电极时导通，就称为 p 型硅，反之叫作 n 型硅。事实上，可以用来解释 n 型和 p 型的能级模型（图 3.4）早在 1931 年就提出来了。

贝尔实验室在第二次世界大战之后组织了一个小组，专门研究半导体和金属接触面的性质。他们把注意力集中到元素半导体锗和硅上，而不是当时工业中广泛应用的氧化亚铜和氧化锌半导体，这是因为提纯工艺的进步，使得人们容易控制锗和硅的性质，便于和理论对比。就是这个小组在 1947 年底发明了在半导体表面加两个金属触针构成的"点结触三极管"，1950 年又用两层 p 型材料夹一层 n 型材料制成第一支"面接触"三极管。晶体管的主要发明者巴丁，布拉顿和肖克莱在 1956 年获得了诺贝尔物理学奖。同一位巴丁于 1972 年因为在 1957 年同两位年轻人一起突破了超导理论而再次获得诺贝尔物理学奖。一生获得两次诺贝尔科学奖的学者为数甚少。除了巴丁，还有居里夫人（物理和化学各一次）和桑格尔（两次化学奖）。化学家泡令第二次得到的是和平奖。

p 型和 n 型半导体接触形成的 pn 结，已经成了理解绝大多数半导体电子器件的关键。因此，我们在这里用十分简化的方式稍加讨论。图 3.5（a）是一个没有外加电压的 pn 结。实验室里的制备方法是在一片 n 型锗上熔一小块铟。铟原子扩散到 n 型区中造成 p 型区，

巴丁（1908～1991）

两区之间是 pn 结。铟点本身可以用作电流引线。p 型半导体中的空穴多，n 型半导体中电子多。沿着 pn 结载流子往浓度低的对方扩散，电子进入 p 型区，空穴进入 n 型区，都使 p 区变得稍负，n 区变得稍正。正负电荷集中在边界两侧，形成一个"双电层"。双电层中的电场方向，恰好妨碍发生更多的扩散，结果达到平衡。这时沿 pn 结两侧，n 型方面缺少电子，p 型方面缺少空穴，形成缺少载流子的"阻挡层"。

　　如果在 pn 结上加正向电压，使 p 区处于正电位下（图 3.5（b））。电压降主要落到阻挡层上，它的方向有利于更多电子进入 p 区，更多空穴进入 n 区。这就使阻挡层变窄，形成正向导通的情形。如果给 pn 结加反向电压，使 p 区处于负电位下，这将加强双电层中的电场把载流子推向半导体深部的趋势，结果阻挡层变宽，只能有很小的反向电流通过。这就是 pn 结二极管的基本图像。上面的讨论中忽略了温度影响，电子空穴复合等因素。感兴趣的读者不难从讲半导体物理的专书里得到更多知识。在这里只需记住一个简单结论：pn 结的正向就是把正电位加到"正" p 型材料上。

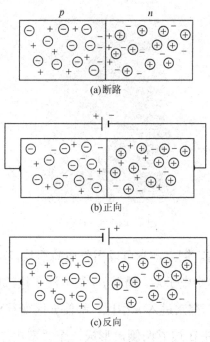

图 3.5 *pn* 结示意图

　　现在把两个*pn*结"背靠背"地接起来。早年的做法就是在 *n* 型锗片的两面各熔一个铟电极，使铟原子扩散到锗中形成两个 *p* 区（图 3.6）。中间的 *n* 区很薄，而且杂质浓度比 *p* 区中的受主杂质浓度低得多。尺寸较小的铟点称为发射极，较大的 *p* 区是集电极，中间的 *n* 区称为基极。发射极到基极的 *pn* 结处于正向电压，而集电极到基极的 *pn* 结处于反向电压下。这时从发射极进入 *n* 区的空穴成为该区中的少数载流子（多数载流子是电子）。只要基极很薄，而电子浓度又不很高，绝大多数进入基区的空穴都可以扩散到集电极区，被顺利收集到反接的集电极回路中。这样发射极电流的主要部分成了集电极电流，只有很小一部分经过基极回路。正向的发射极回路中电阻很小，而反向的集电极回路中可以接上较大的负载电阻。这样一种接法虽然不能实现电流放大，但是可以实现电压放大：发射回路中的微小电流变化，在负载电阻上引起很大的电压变化。这是所谓共基极的接法。如果改换成共发射极的接法，就可以同时实现电流放大。图 3.6 还可以看成一种阻抗转换电路：由低阻抗的发射极回路，转换到高阻抗的集电极回路，因此，英文的 transistor（晶体三极管）就是由 trans（转变）和 resistor（电阻）构成的。

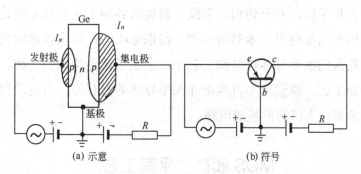

图 3.6 *pnp* 三极管

这样，到了 20 世纪 50 年代初，物理学已经为半导体电子学的发展准备好了基础。工艺和技术的进步开始发挥关键作用，我国和先进工业国家的差距也日趋明显。

以目前的主流半导体材料硅为例。从岩石到沙砾，硅是地球上相当丰富的元素。从四氯化硅等原料的化学提纯和物理提纯开始，到多晶硅的生产，单晶棒的提拉，到芯片的生产，这真是点石成金的产业。1975 年全世界多晶硅的产量为 1700 吨，2002 年已经超过 2 万吨，而且供不应求。多晶硅的生产是高耗能过程，在先进的工业国家每生产 1 千克多晶硅约耗电能 130 千瓦时。我国多晶硅的研究和生产虽在 20 世纪 50 年代后期就已起步，现在年产量仍在 100～200 吨之间徘徊。

一种重要的物理提纯方法是"区域熔融"。每次从熔融液中结晶出固相时，杂质都较多地留在液相中。因此，只要在管状炉中让熔融区多次从一端移向另一端，就可以在一端获得高纯的材料。然后是大块单晶的生长。从熔融液中用子晶提拉出单晶，始终是重要的制备方法。控制提拉速度，可以影响单晶各段的杂质分布，在长单晶过程中形成 *p* 型和 *n* 型相间的材料，这曾经是早期制备 *pn* 结的一种方式。现在工业生产的硅单晶棒，常见的直径为 3～8 英寸（76～203 毫米）以上，重量可达几十千克。21 世纪初，12 英寸（305 毫米）的单晶棒生产线也逐渐普及。此外还有精确控制掺杂、制备 pn 结的各种手段，乃至切割、引线、封装的各种工艺及其专用设备。这一切当然都超出了本书的范围。特别是因为计算机技术的发展，从五花八门的半导体材料和工艺中，选出了极为特殊的一种，即硅的平面工艺。我们就不再继续深入半导体的百花园，而是回到与计算机关系更为密切的集成电路。

MOS 和硅"平面工艺"

由 pn 结构成的二极管最早用于通信技术。20 世纪 50 年代后期开始用半导体三极管做开关电路，1959 年制成了第一台晶体管电子计算机。这就是所谓第二代电子计算机。晶体管计算机还经历了一次从锗晶体管到硅晶体管的转变，这主要是因为锗本征半导体的禁带宽度较小（参看前面的表 3.1），因此，锗器件的温度稳定性也较差。我国的第二代计算机是在 20 世纪 60 年代初研制成功的（中国科学院计算技术研究所的 109 乙机和国防科技大学的 441B 机）。60 年代中期，中国科学院还研制成功了我国第一台运算百万次的 655 计算机。那时我国正处于层层国际封锁之中，从半导体原料的提纯到整机的构成，都是中国科学工作者和工程技术人员自己解决的。第二代计算机普遍采用了磁芯存储器。我国物理工作者在研制含锂的高温矩磁材料方面也做出了贡献。

前面介绍的合金结型晶体管，具有很大的集电极区，较高的串联电阻和结电容，限制了晶体管的开关时间。在电阻 R 和电容 C 串联起来的电路中，由于要通过电阻充放电，电脉冲不能瞬时达到峰值，脉冲过后还要拖一点尾巴。时间延迟由 RC 常数决定（R 和 C 的乘积恰好具有时间量纲）。后来采用了台面、外延（在晶体表面再长一个薄层晶体）等各种工艺，进一步提高了开关速度。

在各种新型的半导体开关器件中，最值得介绍的是所谓"金属-氧化物-半导体场效应管"，英文缩写是 MOSFET，或者简单叫MOS。它几乎是像继电器一样简单的开关，而且最适合于一种新的工艺——硅的平面工艺。硅平面工艺已经成为大规模集成电路的基础。我们就结合平面工艺，介绍一下 MOS 的结构和工作原理。

首先在纯净的高电阻的 p 型硅单晶片上，长一层薄薄的二氧化硅（SiO_2），它是很好的绝缘体，同时可以保护硅晶面不受其他杂质玷污。现代工艺还要在氧化硅上再沉积一层氮化硅（SiN_4），这也是性能很好的绝缘体。不过我们将省略这类工艺细节不讲，否则就会离题太远。然后在氧化硅表面上腐蚀出两个小洞，用扩散或离子注入的办法，使小洞处的硅掺杂成 n 型半导体。最后在 n 型硅和小洞之间的氧化硅上面，蒸发或沉积金属电极，并且作出引线。这样就造出了如图 3.7 所示的 MOS 晶体管。从 n 型区接出的两个极称为源极（S）和漏极（D），氧化层上的金属极称为栅极（G）。近来虽然更多改用多晶硅来制造栅极，但 MOS 的名字仍然沿用下来，没有变成 SOS！（注意，在半导体工艺中，SOS 不是求救信号，而是"硅在蓝宝石衬底上"的缩写。）

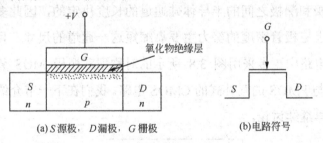

(a) S 源极，D 漏极，G 栅极　　　　(b) 电路符号

图 3.7　NMOS 晶体管示意图

现在来看 MOS 是如何工作的。首先令栅极处于 0 电位，在 S 和 D 之间加正电压。由于从 S 到 D 经过的两个 pn 结中，总有一个是反向的，通路处于关闭状态。如果在栅极上加正电位，电极下的氧化层中出现电场，这个电场排斥 p 型硅中的空穴，使它们离开氧化硅附近的区域。于是在两个 n 型区之间造成一个载流子特别少的"耗

尽层"，管子继续处于关闭状态。

　　然而，当栅极处于更正的电位时，就发生一种新现象。由于氧化硅绝缘层很薄，其中的电场强度可以达到 10^6 伏/厘米以上。这样强的电场，把相对于栅极处于负电位的源极中的电子吸引到氧化硅层下面，在两个 n 型区之间的 p 型硅中诱导出一条狭窄的 n 型区。这个"反型层"与两端的 n 型区自然相连，中间不再有 pn 结的反向电阻，因此构成很好的导电沟道。这时如果 S 和 D 之间有电位差，就会有电流通过，晶体管处于导通状态。我们看到，MOS 管的开关状态由单个栅极的极性（正电压）控制，因此又称为单极晶体管。相对于单极晶体管，发射极—基极—集电极式的电流控制三极管又叫作双极型器件。

　　像图 3.7 所示的场效应管，源极和漏极掺杂成 n 型区，栅极处于正点位时在源漏之间诱导出 n 型导电沟道，S 和 D 导通。这样的三极管称为 N 型金属氧化物半导体管，简称 NMOS。还可以把上面讨论中的 n 和 p 互换，制造 PMOS 管。它在栅极处于负电位时因诱发 p 型导电沟道使源极和漏极导通。MOS 管的开关能量和延迟时间都是由源极和漏极之间的半导体硅通道的长度决定的，因此多年来增加芯片上三极管密度的努力主要靠缩短这一通道的尺寸。目前大规模集成电路中更多采用图 3.8 所示的对称型双栅极 MOS 管和共用 NMOS 与 PMOS 的互补式的 CMOS 电路。我们在下一节介绍 CMOS 逻辑时再继续讨论。

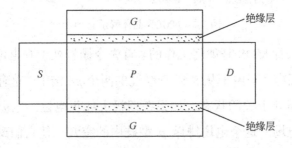

图 3.8　对称型双栅极 MOS 管的截面示意图

从图 3.7 和图 3.8 直接看出，这类结构很适宜光刻工艺。

光刻工艺的思想，源于印刷电路板的制造。把电子元件用导线焊接到一起，本来是一种费事的手工劳动。20 世纪 50 年代人们开始使用印刷电路板工艺，先在贴有铜箔的绝缘板上涂敷一层感光胶，再盖上事先设计好的模板。模板不透明部分保护下面的涂层不使其感光，而透明部分感光之后连同下面的铜箔一起被腐蚀掉，剩下的铜箔便构成印刷电路，经过打孔、孔壁金属化等手续，使绝缘板两面的印刷线路适当连接起来，并在相应孔中插上晶体管和阻、容元件。令插好元件的印刷板从熔融的锡槽上面通过。设法在锡槽中吹起一道波浪，元件插脚从波峰中经过时便被焊到印刷板上，这叫作"波峰焊"。为了实现复杂的电路联接，有时要使用多层印刷板。这一套工艺使电路板的生产实现了流水线化，大为提高了电子产品的劳动生产率。

最初的光刻技术就是把印刷电路工艺搬到硅单晶片上。为了实现精确的线路和元件布置，要设计尺寸相当大的"光刻掩膜"，用照相方法缩小，最后"照"到敷在硅片表面的感光胶上。曝光之后，根据需要进行腐蚀、扩散或离子注入、氧化或者外延生长。要多次使用其他掩膜重复类似的过程。为了制成一块集成电路，往往要用很多种掩膜，重复进行"光刻"。这些掩膜必须极为精确地对准。整个生产环境也必须十分清洁，因为一粒灰尘就可能破坏整个电路。通常在一块直径为 3~12 英寸（76~305 毫米）的圆形硅单晶片上，要制备大量相同的集成电路。然后把硅片切割、引线、封装，制成产品。早年集成电路的产品合格率很低，后来各个生产环节全面使用电子计算机控制，集成度即单位面积上的元件数目和产品合格率不断提高。目前一些大的集成电路生产厂家，自动化生产线上源源不断的产品可以前后彼此不同，因为只要用特定的语言把电路的设计方案描述出来，计算机就控制整个生产过程，实现相应的元件和布线，制出不同的芯片。

马克思在分析大工业的发展时曾经指出，必须用机器生产机器，大工业才有了自己的技术基础和立足点[①]。用电子计算机制造电子计算机，标志着数字文明有了自己的技术基础和立足点。

半导体逻辑电路

我们在第二章里，已经用继电器为例，介绍了逻辑电路的基本概念。半导体器件，特别是集成电路的发展，给人们提供了各种实现逻辑电路的方法。那设计逻辑电路的基本思想（例如第二章里提到过的逻辑代数），倒没有发生多大改变。不过，一旦要把电路用到整机上，就必须考虑许多实际限制。

首先是开关速度和电信号经过每个"门"的时间。这当然是决定整个计算速度的最基本的参数。其次是电路的功率消耗，它引起散热问题，限制了元件的密集程度。再有维持电路工作的电源电压，是 3 伏还是 15 伏，需要一种还是两种。表示逻辑 1 的高电平，和代表逻辑 0 的低电平相差多少？这个差别如果太小，就容易因为偶然的噪声干扰导致逻辑错误；而相差较大就必然要求较高的电源供应。画逻辑原理图时，我们可以任意地把 100 个条件"或"或者"与"起来，把一个逻辑变量同时送到 80 个"门"的入口去起控制作用。实际做起来，当然不这样简单。一个门电路最多能有几个入口（"扇入"），它的输出信号最多能驱动几个别的电路（"扇出"），不能不受到实际限制。各种电路的成本差别，当然也不能忽略。选用逻辑电路时，必须综合多种因素，权衡利弊。

早年用分立的二极管和三极管实现逻辑电路时，曾经要求尽量减少有源元件（三极管）的数目以降低成本。但是用二极管只能实现"与"和"或"门。"非"门和放大、隔离等作用，必须靠三极管。随着集成电路工艺的进步，特别是三极管在硅平面工艺中所占

---

① 参看：《资本论》第 1 卷第 13 章。

面积比电阻电容这些无源元件还少（我们提醒一点简单的物理：电阻和电容的大小都是由几何尺寸决定的，在恰当的单位制下它们甚至具有长度量纲），尽量减少三极管这一历史要求失去意义。目前各种半导体逻辑电路，都越来越多地由三极管实现。

电路构成和耦合方式，经历了一个发展过程。我们只能在这里略作介绍，目的无非是请读者见识一批在计算技术的文献中出现的英文缩写，将来再遇到时不至于太生疏。

早期把三极管逻辑直接耦合起来的 DCTL 电路，以及中间用电阻耦合的 RTL 电路，目前都不再使用。用二极管作逻辑元件，而以三极管作连接的 DTL 逻辑电路，速度可达 25 纳秒，而以多个发射极的三极管作逻辑元件的三极管逻辑 TTL 电路，动作时间可短到 10 纳秒，而且功率消耗小。这都是曾经广泛应用的电路。如果要求更高的速度，则必须使用 *pnp* 型和 *npn* 型三极管的互补逻辑 CTL 或者发射极耦合的 ECL 电路，代价是成本较高，功耗较大。此外，还有一些其他类型的双极型器件。例如更低功率消耗、更高速的肖特基三极管——三极管逻辑 LSTTL。还有所谓集成注入逻辑 I^2L，它的尺寸与功率消耗足以同 MOS 器件竞争。

上面这些逻辑电路都是基于双极型器件。MOS 逻辑电路，特别是 CMOS 逻辑在现代大规模集成电路中具有很特别的地位。它们的成本和功率消耗很低，适宜用平面工艺把集成度作得很高。因此，我们专门介绍一下 MOS 和 CMOS 逻辑电路。

前面已经讲过，NMOS 管的逻辑几乎同继电器一样简单。我们把图 3.7（b）所示的 NMOS 电路符号画成图 3.9 那样的"继电器"。圆圈中的 N 标明源极 S 和漏极 D 都掺杂成 n 型区。栅极处于正电位对应逻辑 1，实际电路中使用的电压已经从 5 伏降到 3.3 伏或 2.7 伏或更低。这时 S 和 D 之间靠 n 型沟道导通（图 3.9（b）），它们同时处于逻辑 1 或 0。当 G 处于 0 电位（逻辑 0）时，S 和 D 断开，它们的逻辑关系不确定。

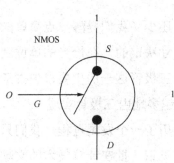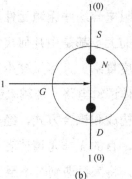

(a)   (b)

图 3.9　NMOS 开关图

对于 PMOS 只要把上面讨论中的 n 和 p 以及高低电位互换，它就成为栅极处于 0 电位时导通的开关。我们不再画图。把互补的 NMOS 和 PMOS 管结合使用，就成为 CMOS 逻辑电路。图 3.10 是由一对互补 MOS 管组成的"非"门。令 PMOS 管的 S 极总是处于高电位，而 NMOS 管的漏极处于低电位。当输入 I 为逻辑 0 时，PMOS 导通，输出 O 与 PMOS 的 S 极处于相同的高电位，即逻辑 1。当输入 I 为逻辑 1 时，NMOS 导通，输出 O 与 NMOS 的 D 极处于相同的低电位，即逻辑 0。把两种逻辑关系合并起来，正是逻辑"非"：$O = \bar{I}$。

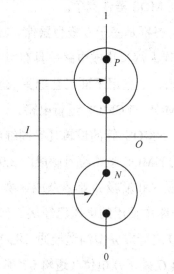

图 3.10　CMOS "非"门的结构

图 3.11 是 CMOS 逻辑或的电路示意图，它由各两只 NMOS 和 PMOS 管组成。它的输入是 A 和 B 两个信号，根据前面的讨论做出真值表，就可以看出输出为 A 和 B 的逻辑"或"：$O = A + B$。使用 CMOS 还可以简单地实现"与非"门（NAND）、"或非"门（NOR）等各种逻辑电路。我们不再详述。

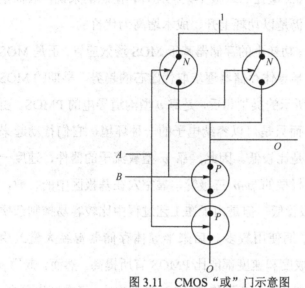

图 3.11　CMOS "或" 门示意图

输入（I）端有两个信号 A 和 B，输出为两者的逻辑"或"：$O = A + B$

比起 NMOS 和双极型器件，CMOS 耗能甚小。它几乎没有静态消耗，只在真正开关时用电。它可以在 1.2V（甚至更低些）到 15V 电压下工作，集成度也可以做得比其他类型的器件高。今天，CMOS 不仅仅是微处理器和存储器芯片的主导技术，而且已经发展到其他专用集成电路。例如，CMOS 图像传感器正在代替数码相机中传统的电荷耦合器件（CCD）。

半导体存储器

用作存储器的集成电路有两大类。一类以基于双极型晶体管的双稳态触发器作为基本单元。它的优点是读写周期短，缺点是即使不进行读写，维持记忆状态所需的功率消耗也较大。1981 年投产的 4K 位双极型存储器，存取时间为 25 纳秒，每位功耗约为 1 毫瓦。目前这类集成电路只用于要求高速度的较小的存储部件中，例如中央处理器所带的高速缓冲存储器。虽然后来又研制出存取时间为 6 纳秒，每位功耗为 0.2 毫瓦的双极型记忆元件，但总的来说，双极型存储器速度提高，仍是以功耗上升、成本增高为代价的。

另一类成本低、功耗小的存储器基于 MOS 场效应管。正是 MOS 的发展，才促成了半导体存储器逐步取代磁芯的趋势。早期的 MOS 器件和前面图 3.7 所示的类型相反，是靠 p 型沟道导电的 PMOS。由于空穴不是实体，而只是可以容纳电子的一种环境，它们行动起来拖泥带水，速度总是比较低。因此，靠 p 型载流子的器件，速度一般较慢。例如，双极型的 pnp 三极管，靠空穴在基极区中的扩散，速度也比 npn 三极管低。但是由于在工艺过程中比较容易控制杂质含量，PMOS 在早期使用较多。后来半导体存储器曾经大量改用 NMOS，它们的集成度和速度都能比 PMOS 有所提高。然而，兼用 p 沟道和 n 沟道的互补型 MOS 又称 CMOS，功耗更小，集成度也更高。现在，无论是微处理器或存储器，还是专用的集成电路，CMOS 都占据了主导地位。

MOS 存储器又分成两大类：静态和动态。所谓静态存储器就是用双稳态触发器保存 0 或 1 的状态。一个标准的 NMOS 存储单元，用两个管子作触发器，两个管子作负载，两个管子作耦合，所占面积还是较大的。只要维持正常的电源供应，存储的信息就保存在那里，不需要经常刷新。"静态"就是在这个意义上讲的。如果切断电源，半导体存储器中的信息就消失了。用计算机界的术语，这叫作信息"挥发"了。磁芯存储器是不挥发的，磁性外存也不挥发。其实没有必要在关掉电源后长期保持主存储器的内容，因为可以在开机后随时从外存中调回来。在可以重写的半导体只读存储器（本节后面就要介绍）中还可以保存不挥发的信息。因此，半导体存储器的"挥发"性目前并不是大问题。

MOS 动态存储器的信息以电荷形式保存在某个极的对地电容中。由于电荷会通过放电而慢慢减少，必须每隔一定时间（例如 2 毫秒）对存储单元进行"读"和"重写"操作，以便刷新记忆。这就是动态二字的含义。动态存储器的特点，是用三个甚至一个 MOS 管子就实现一个存储单元，因此可以大为提高存储密度。

图 3.12 是一个单管动态存储单元的示意。一个 NMOS 管子接在行选和列选线之间，就像是一支实现地址译码的二极管（见第二章）。信息以电荷形式保存在漏极 D 对衬底的电容中。这个电容只有几分之一皮法拉。写信息时，提高行选线的电位，于是源漏之间导通，如果列选线处于高电位，C 就充电，否则 C 不会充电。这样就存入了 1 或 0。读信息时，先把列选线耦合到高电位上，然后提高行选电位，使管子导通。如果 C 已经充电到高电位，列选线电位不受影响，这就是 1 态。如果电容 C 本来处于低电位，管子导通使得列选线电位降低，这就是 0 态。读出电路测得 0 态后，立即降低列选线电位，以便恢复 C 的低电位。这样也就实现了信息的自动重写。上面所讲的存储器，可以随意按照单元地址写入或读出信息，因此又称为随机存储器，简写为 RAM。用动态的 NMOS 管子实现的随机存储器，也记作 DRAM，D 表示动态（Dynamic）。

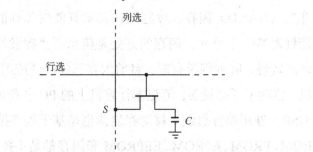

图 3.12 单管动态存储单元

还有与 RAM 不同的只读存储器（ROM），在生产的最后阶段就把信息写进去，以后只能读出，不再写入。只读存储器不必重写，因此读出电路也简单得多，速度也较快。实现 ROM 的方法很多，可以使用二极管矩阵，阻容回路乃至简单的集成电路。可以把已经定型不变的某些系统程序放在 ROM 中，以提高运行效率。

有些存储器的芯片允许用户在使用前靠专门设备把信息写进去，例如用高压脉冲"烧"掉一些连接点，使之成为 ROM。这种器件称为"可编程序的只读存储器"，简写是 PROM。还有"可擦去"的 PROM，简称 EPROM，可以靠专用设备以紫外光或电脉冲把原先写入 EPROM 的信息擦去，再写进新的内容。其实，EPROM 就是读起来很快，写起来很慢的存储器，多用于为 ROM 或 PROM 调试程序，当然也可用于物理实验室中不经常改变的自动控制和数据采集设备。后来又发展出可以用加电场删除所存信息的 EEPROM。基本原理仍然是在 MOSFET 的门绝缘层中保存电荷，借助电子在强电场下穿过绝缘层势垒的量子隧道效应（傅勒–诺德海姆效应）电场的一"闪"之下，擦去全部原有信息，因此又称为"闪存"。

闪存的基本单元很像一只 PMOS 管，只是在控制栅下面又加了一个完全被绝缘层包围着的"浮置栅"。浮置栅中有电荷，源漏两极不导通，算是写入一个"0"；取消浮置栅中的电荷，源漏导通，算是写"1"。电荷进入浮置栅靠傅勒–诺德海姆效应。通常要把多个单元排列成阵，根据译码逻辑的不同，分成"或非"（NOR）或"与非"（NAND）闪存。读写操作其实只能按阵列的分块进行，并不能针对某一个单元。闪存的好处是信息不"挥发"，缺点在于读写时间较慢，阵列规模有限。目前闪存已经广泛应用于数码相机、摄像机、移动电话等设备。笔记本计算机上的 PC 卡和现在越来越普及的 USB（通用串行总线）移动存储器也是基于闪存技术。

ROM、PROM、EPROM、EEPROM 和闪存都是不挥发的存储器。多年来人们一直在研究不挥发的半导体 RAM。然而，各种存储技术的发展使存储器之间的差别变得不那么重要。随着大规模集成电路的发展，主存和外存的差别也会逐渐缩小。

SSI、MSI、LSI、UISI、VLSI 和 GSI

本节标题中的英文缩写，依次代表"小规模集成""中规模集成""大规模集成""超大规模集成""特大规模集成"和 20 世纪末已经投入生产的"甚大规模集成"电路。它们标志着 20 世纪后 40 年中发生在安静的超净实验室中的一场工业革命。这场革命把人类真正带进了数字文明时代。知识和信息，从来没有像现在这样决定着一个国家和民族的命运。遥远未来的历史学家们回顾祖先走过的道路时，也许会认为这才是人类文明的开端。

集成电路的"规模"是相对而言的。一度通用的划分办法，曾把每个芯片上 10～100 个"门"以内的集成度称为小规模电路，100～1000 个门称为中规模，1000～100 000 个门称为大规模，10 万门以上称为超大规模。实际上 VLSI、ULSI 和 GSI 的界限，还要看今后的发展。这样的划分主要反映数量上的增长。只有回顾集成电路的发展史，才能看出质的差别。

1958 年 9 月物理学博士基尔比在美国的得克萨斯仪器公司研制出单块锗片上的相移振荡器。第二年另一位物理学博士诺伊斯在仙童半导体元件公司制造出第一个硅平面三极管。两年后，仙童公司在一小片硅晶体上实现了由四支三极管和两个电阻器组成的双稳态触发器，随后开始生产各种单门和一位的存储元件，这就是普通的集成电路（简称 IC）。基尔比和诺伊斯为发明权打了一场官司，结果是 IC 的专利归基尔比，而诺伊斯得到集成电路内部结构的专利。诺伊斯较基尔比年轻但早逝，基尔比获得了 2000 年度的诺贝尔物理学奖。

集成电路的特点，是用光刻、腐蚀、氧化、外延、扩散、离子注入、蒸发等各种手段，在若干平方毫米的硅单晶片（"芯片"）上制造出三极管、二极管、电阻、电容、二氧化硅绝缘层和导电的金属条带，形成具有一定功能的电路，然后封装到有许多引线的标准外壳中。

三极管是有源元件，而电阻电容是无源元件。由于在芯片上三极管所占面积远小于电阻电容，大规模集成电路中越来越多地使用有源元件代替无源元件。一个芯片上的三极管数目也就成为刻画集成度的主要指标。每一个芯片上制备的三极管数目，从 1960 年以来大致以每两年翻一番的速度增长。同诺伊斯一起成为英特尔公司创始人的摩尔在 1965 年所做的这个观察，现在被称为"摩尔定律"。20 世纪后半叶的平均值表明，三极管数目翻番的时间接近 18 个月。

制造计算机的工程人员再也不必和单个晶体管和分立元件打交道。他们拿到的是实现整套逻辑功能的电路块，再用搭积木的办法构成整机。20 世纪 50 年代占用几个大机柜的电路，先是集中到一块印刷电路板上。到了 ULSI 和 GSI 的时代，许多块这样的印刷电路板又被单独封装的芯片代替。

用作存储器的集成电路，基本上是大量重复相同的结构单元，工艺上比较容易实现，因此也发展得较早较快。用作逻辑控制和运算的集成电路，内部结构复杂多样，研制和生产也起步略晚。进入 20 世纪 80 年代之后，这两类集成电路的生产都达到了成熟阶段。

最清楚地反映集成电路技术突飞猛进的，是基于 MOS 的存储器。1966 年研制出 256 位的 PMOS 存储器，1968 年开始使用互补的 CMOS。从 20 世纪 70 年代开始，动态 MOS 随机存储器即 DRAM 成了半导体存储器的主流。1970 年研制的 1K 存储器，其连线和绝缘层的最小尺寸为 15 微米，1986 年生产的 1M 存储器，尺寸减小到 1.2 微米，而 2001 年问世的 1G 存储器，其尺寸已经在 0.18 微米以下。35 年间 DRAM 芯片的发展情况示于图 3.13 中。目前广泛使用的其实是 DRAM 的许多改进变种，例如信号读写与主时钟脉冲前沿同步的"同步动态随机存储器"（SDRAM）、与时钟脉冲前后沿都同步因而使读写速度加倍的"双倍数据速率动态随机存储器"（DDR DRAM）等，我们不再详述。

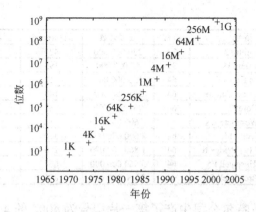

图 3.13   DRAM 芯片的发展

2005 年左右国际上主要厂商研制的 4G 动态随机存储器，都是在 12 英寸圆硅晶片上应用 0.09 微米即 90 纳米（nm）的技术。半导体工艺的进步，完全可以发展到 16G、64G DRAM 等。然而，实际计算问题很少要求与运算器配套的随机存储器容量超过 16G，于是 DRAM 的发展基本上停留在 8G、16G 的水平，并没有按摩尔定律继续增长。2016 年韩国三星公司投入批量生产的 10 纳米级的 DRAM 的基本单元仍是 8G。元件尺寸达到纳米量级，带来一些新的物理和技术问题。我们将在第八章继续讨论。

逻辑控制用的集成电路，可以拿单片微处理器作代表。这是把中央控制器和运算器都做到一个芯片上，以代替 20 世纪 50 年代的几个机柜或 20 世纪 70 年代的若干块印刷电路板。我们把大规模集成电路的主导厂家英特尔公司自 1971 年以来的主要进展列在表 3.3 中，后面再稍做解释。

表 3.3   英特尔处理器的发展历程举例

年份	型号	位数	三极管数	面积(mm²)	工艺(nm)	核数
1971	4004	4	2250	12	10 000	
1972	8008	8	3500	14	10 000	
1978	8086	16	29 000	33	3000	
1981	80286	16	134 000	49	1500	
1985	80386	32	275 000	104	1500	
1989	80486	32	1 180 235	173	1000	
1993	Pentium	32	3 100 000	294	350	
1999	Pentium III Katmai	32	9 500 000	128	250	

续表

年份	型号	位数	三极管数	面积(mm²)	工艺(nm)	核数
2002	Itanium 2	32	220 000 000	421	180	2
2002	Pentium IV	32	55 000 000	195	130	2
2004	Xeon EM64T	64	125 000 000	112	90	2
2006	Core 2 Duo Conroe	64	291 000 000	143	65	2
2008	Core i7	64	731 000 000	263	45	4
2011	Xeon Westmere EX	64	2 600 000 000	512	32	10
2012	Xeon Phi	64	5 000 000 000	350	22	61
2013	Core i7 Ivy Bridge E	64	1 860 000 000	256	22	6
2014	Xeon Hasewell E5	64	5 560 000 000	661	22	18
2016	Xeon Broadwell E5	64	7 200 000 000	456	14	22

　　1971 年英特尔公司生产了第一片型号为 4004 的 4 位微处理器，它包含 2250 个三极管，每秒钟能执行 8000 条指令。1974 年出现了第一个作为中央处理器的 8 位微处理器。1985 年英特尔公司研制的 32 位微处理器 80 386，含有 275 000 个三极管，在 16 兆赫的中央时钟下每秒钟可以执行 3 百万到 4 百万条指令。1986 年微型处理器普遍向 32 位过渡。64 位微处理器虽然在 2003 年已经上市，表 3.3 中还是列出了英特尔 2004 年推出的"至强"微处理器 EM64T，它基于 90 纳米（0.09 微米）的工艺，可在 3.60GHz 主频下工作。

　　为了获得更高的元件集成度，人们发展出多"核"芯片。每个"核"可以独立接受和执行指令，以及访问存储器的运算单位，大致相当于过去的一个单独芯片。近些年进入市场的高端芯片，都是多核的。表 3.3 最后一列给出了"核"的数目；而"工艺"一列，是指芯片上三极管和连线的典型尺寸，它随着光刻工艺的进步而不断缩小。看一下 350、250、180、130、90、65、45、32、22 这些数字之间有什么关系呢？我们要求把硅平面上典型部件的面积 A 缩小为 $A/2$，以便元件总数翻一番（摩尔定律）。由于面积 A 比例于长度 l 的平方，l 就应当缩小 $1/\sqrt{2}$ = 0.707 倍。粗略地看，上面这串数字彼此之间正好差 0.707。按此推算，下一代工艺应在 $22 \times 0.707 = 15.6$ 纳米。事实上，英特尔公司已经在 2016 年实现 14 纳米工艺。回顾摩尔定律提出半个多世纪以来，人们曾多次预言过它的失效，不过各种技术创新始终维持着使它大致成立。然而，业内行家们注意到了，从 2012 年的 22 纳米到 2014 年的 14 纳米，工艺进步的步伐已经有所减缓。目前摩尔定律继续成立主要靠在处理器上布置更多内核。对元件和集成电路小型化的物理局限已经开始显现。有人预计摩尔定律将在 2017 年终结在 7 纳米水平上。

考察一下表 3.3 中三极管数目的增长速度，可见它们并没有随着工艺尺寸缩小 0.707 倍而严格翻番。这里有各种原因。芯片上有许多起隔离作用的空白区域，它们的尺寸不能按简单比例缩小。早期用人工设计芯片上的元件和连线，可以最大限度地节约空间，尽可能地增加元件密度。现在成千上万元件的布局只能靠计算机自动实现，而机器总不及人工巧妙。以表中的奔腾 Pro 处理器为例，它在 306 平方毫米上制备了 550 万个三极管，达到每平方毫米 1.8 万只管子的密度。同这个微处理器配套的超快速缓冲存储器芯片，由于结构统一，仍然采用人工布线，结果在 242 平方毫米上布置了 3 100 万个晶体管，达到每平方毫米上 12.8 万只，密度高出了 7 倍。

我们已经在前面介绍硅平面工艺时提到过光刻技术。最小的工艺尺寸当然是由作为工具的光波波长决定的。20 世纪 90 年代初还在使用真空紫外线灯高强度的 436 纳米（G 线）和 365 纳米（I 线）输出来加工 0.70 微米和 0.50 微米的结构。随后进入深度真空紫外（DUV）范围，使用 248 纳米的氟化氪（KrF）分子激光器、193 纳米的氟化氩（ArF）分子激光器来加工 0.18 微米和 0.13 微米的结构。90 纳米的工艺还能勉强靠 193 纳米光刻解决。前面提到的 65 纳米工艺，是在 KrF 和 ArF 分子激光器基础上使用 CaF_2 晶体透镜得到 157 纳米输出实现的。

现代大规模集成器件大约有 25 层，其中决定三极管结构的 4 至 6 层是关键，必须使用最先进的工艺。其他实现电路连接的各层，往往可以用上一两代的工艺解决。每往微型化前进一步，都会遇见新的问题。例如，2001 年发现 CaF_2 晶体的内秉双折射妨碍精确聚焦；2003年借助组合〈111〉和〈100〉两种取向的晶体而得以解决。下两代工艺要求的 45 纳米和 32 纳米结构，必须进入所谓极度真空紫外（EUV）和软 X 光范围。这里的新问题之一，是空气和玻璃都吸收此段波长的光线，必须转入真空操作。由于大规模集成电路的研究已经发展为成熟的技术科学领域，这些问题的解决不再是物理实验室的任务。某位特定的物理学工作者可以随着自己发展的技术转入工业领域，也可以选择新的研究方向。这是个人生活道路的"优化"问题。然而，"待到山花烂漫时，她在丛中笑。"物理学作为整体，又带着胜利的笑容继续前进了，去为人类认识大自然提供新的视角，同时开拓崭新的技术未来。

半导体异质结构

我们迄今所提到的半导体材料主要是锗（Ge）和硅（Si），它们都是化学周期表最中间的第 IV 族元素。第 IV 族两边的第 III 族元素铝（Al）、镓（Ga）、铟（In）和第 V 族的氮（N）、磷（P）、砷（As）、锑（Sb）可以组成多种化合物。氮虽是气体，GaN 却是固体。这些化合物都是各有特色的半导体材料，有的迁移率很高，有的光学特性好，等等。离开第 IV 族再远一些，第 II 族的锌（Zn）、铬（Cd）、汞（Hg）和第 VI 族的硫（S）、硒（Se）、碲（Te）也可以形成许多化合物半导体。

把不同的半导体元素或化合物用一定工艺做到一起，形成所谓半导体异质结构。利用两种半导体的差异，可以制备能带宽度连续变化的一段材料。在这类材料中有一些独特的物理效应。我们从异质结构概念的提出人、2000 年诺贝尔物理学奖获得者克罗莫尔 1957 年的文章中借来图 3.14，说明背后极为简单的物理。图 3.14（a）图是处于恒定电场中的能带宽度不变的半导体。图的垂直方向是能量。

电场的存在使得带底和带顶的能量都均匀一致地倾斜。处于导带底的电子和价带顶的空穴受到大小相等、方向相反的作用力。(b) 图是能带宽度连续变化的材料,放在特别选定的恒定电场中,结果导带中的电子不受力,只有价带中的空穴受力。(c) 图是另一种电场下,电子和空穴受到大小和方向都相同的力。这是在同质材料中不可能发生的效应。因此,克罗莫尔把它称为"准电场"。

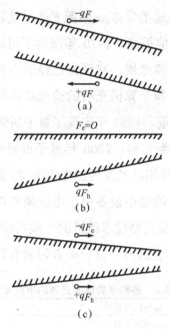

图 3.14 半导体异质结构中的"准电场"

　　最早也最容易想到的异质材料自然是 Ge-Si。然而它们的晶格常数有 4% 的失配,造成一定的工艺困难。这个问题直到近几年才得到解决。大自然给予人类一个幸运的匹配,那就是 AlAs 和 GaAs 的晶格常数几乎相同。于是 (Al, Ga) As 系统成了异质结构的理想选择。唯一的问题是铝对氧的亲和会导致缺陷。后来克罗莫尔建议以 (Ga, In) P 系统的晶格来匹配 GaAs,曾经用于某些器件。不过,随着单原子层工艺的进展,晶格匹配不再是严重问题,甚至还成为制备特殊结构的工艺手段。在第九章讲量子异质结构时,我们再回到这一点。

　　读者不难设想出许多性质各异的材料组合。例如，可在两种材料界面处制备异质 *pn* 结。如果说在普通的均匀半导体中基本上只能靠掺杂改变载流子的分布，在异质结构中可以控制许多物理参数，不仅是能带宽度、还有载流子的有效质量和迁移率，材料的折光率等。这就导致了许多新型半导体器件。半导体激光器的发展是一个生动的实例。

　　1962 年发明的普通半导体 *pn* 结激光器只能以短脉冲方式在低温下工作，而且电流阈值很高。1970 年演示了可以在室温下连续工作的半导体双异质结构激光器，它现在已经成为几乎家家户户拥有的激光唱片、激光视盘和计算机光盘的读出或读写工具。半导体激光器的技术还在不断发展，1981 年出现了量子阱激光器，1988 年有了短周期超晶格量子阱激光器，2000 年量子点激光器问世。半导体激光器的电流阈值，即开始激光发射的电流密度，近 40 年来不断降低，因而可以用于低耗能的微型设备中。电流阈值以每平方厘米的安培数为单位，可以作为激光器技术改进的一项指标。表 3.4 的数据取自 2000 年物理学诺贝尔奖的另一位获得者阿勒费若夫的演讲。

表 3.4　各种半导体激光器的电流阈值

年份	激光器类型	电流阈值（A/cm^2）
1968	*pn* 结激光器	4300
1970	双异质结构激光器	900
1981	量子阱激光器	160
1988	短周期超晶格量子阱激光器	40
2000	量子点激光器	19

　　表 3.4 中列举的激光器，除了最早的 *pn* 结激光器，都是基于半导体异质结构。如果说，双异质结构激光器是一种成熟的经典器件，后面 3 种都还是在发展中的量子双异质结构器件。我们在这里只提一下它们的名字，在后面第九章里再做介绍。

磁盘和光盘

我们在第二章"磁性存储元件"一节末尾讲到的磁芯存储器，作为随机存储器已经完全被前面介绍的半导体存储器替代。然而，磁性材料目前仍然是作为"外存储器"的海量存储的主要手段。借助磁记录表面的磁鼓、磁盘、磁带都曾有过广泛应用，目前仍在普遍使用的是硬磁盘。我们借本章的最后一节，讲一点与半导体没有直接关系的串行成区存取的磁盘以及功能相近的数字光盘。

首先介绍硬盘。

硬盘盒里封装着一个或几个同轴高速旋转的盘片，每个盘片的上下表面都有按同心圆分布的磁道，沿磁道的正反方向排列的磁矩代表数字 0 和 1。它们的磁场引起附近导体的电阻改变（磁阻效应，缩写为 MR），反映为磁头中的电流变化。要分辨极其靠近的磁化状态，读写用的磁头就必须十分精细而且靠近磁记录表面。目前多数磁头是靠磁盘转动的气流飘浮在盘面上，与记录面之间的距离短到可以与光波波长相比。1990 年基于 MR 磁头的硬盘记录密度达到每平方厘米 1550 万位。1988 年法国物理学家发现了低温下多层磁膜结构中的巨磁阻效应（缩写为 GMR），1997 年常温下工作的基于 GMR 磁头的硬盘进入市场，记录密度一下提高了百余倍，达到每平方厘米 1.7×10^9 位。现在常见的硬盘，每个记录表面可以存 4×10^{10} 字节，即 40GB 数据，单片双面可达 80GB。这比起 1980 年代 IBM 公司推出个人计算机时所带的 10MB 硬盘，容量提高了 8000 倍。巨磁阻效应的两位发现者，获得了 2007 年度的诺贝尔物理奖。

硬盘的机械转动部分限制着信息交换的速度。因此，它们只用于成批数据的交换。硬盘的转速，不久前从每分钟 5400 转普遍提高到 7200 转，现在正向 10 000 转过度。提高转速是为了缩短沿径向的"寻道时间"和到达磁道后的"等待时间"，以期减少读写周期。增加磁盘容量则主要靠加大单位面积上的记录密度，而后者又是由磁头的分辨本领决定。目前 GMR 磁头的潜力已经看见尽头，新的技术如隧道磁阻（缩写为 TMR）正在走出实验室。2004 年年初的报道，实验室中 TMR 磁头读写的密度已经超过每平方厘米 2.3×10^{10} 位。

上面一直没有提到"软盘"，这是因为在本书初版到再版的短短 18 年间，软盘经历了从广泛使用到被光盘、闪盘等完全代替的过程。现在不少个人计算机可以没有"软驱"，却绝对离不开"光驱"和 USB 接口。我们在第五章讲一点 USB，在下面简单介绍光盘技术。

光盘存储设备的发展是以激光技术为前提的。20 世纪 60 年代初的气体激光器，不适于小型化应用。直到 1970 年有了可在室温下连续运行的半导体激光器，光记录介质的研究才得以花样翻新、突飞猛进。因此，以光盘来结束关于半导体技术崛起的讨论还是顺理成章的。

光盘的早期发展与计算机没有直接关系，主要是为了音像资料的记录和传播，从音频到视频，经历过激光唱盘和激光视盘（LD 和 CD）、数字通用光盘（DVD）等。就物理机制而言，利用记录道上的突起或凹下保存数据，或是用钆铽铁磁性薄膜（GdTbFe 磁光盘），以及硫硒碲等材料中的有序无序相变（相变光盘）。最初是为了数据量较大的软件载体和备份，把只读光盘和相应光驱引入了计算机。随着音响、视像、文字资料和各种数据文件在数字化基础上的一体化，计算机日渐成为多媒体时代的主角。我们主要沿着数字化光记录的线索，讲一讲 CD-ROM、CD-R 和 CD-RW。

CD-ROM 本来是菲力普等公司制定的一套关于只读数据光盘的标准，现在成了只读光盘的名字。它是半径为 60 毫米的圆盘，中间留有直径 15 毫米的圆孔。靠近中心孔的 13.5 毫米和最外边的 1 毫米不做记录之用，剩下 38 毫米宽圆环为记录面积。用沿着 1 微米宽的记录道长度为 1～2 微米的突起和凹坑保存数字信息。激光束聚焦并接受反射回来的信号，每从突起变凹坑或从凹坑变突起是数字 1，保持从突起到突起或凹坑到凹坑而反射光不变是数字 0。通常厂家制作原始 CD-ROM 时使用激光烧蚀，然后就可以采用老式唱片生产技术，把信息由模板光盘压铸到新盘面上，廉价大量地复制。

　　CD-ROM 上的数据组织与硬盘相似，分成扇区。每张盘有 270 个扇区，每个扇区保存 2048 个字节。因此，每张 CD-ROM 的有效存储量是 2048×270＝540MB，然而实际扇区中还要保存定标、校正等信息，实有 2352 个字节，总容量是 635MB。目前光驱的转速在每秒 7000 转以上。读取内圈数据时采用保持线速度的方式，读取外圈数据时保持角速度恒定。可见光驱的设计和控制是相当复杂的问题。然而，这已经属于工程而不是物理。

　　可以一次写入多次读出的 CD-R 光盘，不使用突起或凹坑来保存数字。它包含有机染料层、反射层和保护层等多层结构，靠激光在染料层中引起的化学反应来改变对光束的反射特性。由于使用的染料和反射层不同，而有绿盘、金盘和蓝盘之分。蓝盘采用银反射层，保存数据可达百年。CD-R 盘上的数据容量与所用的格式有关。例如，74 分钟的 CD-R 用 ISO、Audio 和 XA 格式时，可分别保存 650MB、746MB 和 741MB 数据。

　　人们当然希望能有像硬盘一样读写自如的光盘。实用的 CD-RW 直到 1997 年才出现，不过这里的 RW 并不是"读写"，而是"可重写"（ReWritable），即可以上千次擦去和重新写入的光盘。它基于前面提到的相变光盘。盘面的硫族材料层处于有序的结晶状态时，对于光束有一定的反射特性。激光把某一点加热，发生进入非晶态的结构相变，反射特性显著改变。这就相当于 CD-ROM 上的突起或凹坑。要使非晶态重新结晶，只要恰当改变激光点的温度。然而，正是因为涉及温度变化过程，读写速度必然受到限制。

　　光盘的读写速度以每秒 150KB 为单位。所谓 40 倍速就是每秒读入 40×150KB，即 6MB 数据。如果一个 CD-RW 注明是 12×2×24，那就是说它可以 12 倍速向 CD-R 盘做一次性"烧入"，以 2 倍速向 CD-RW 盘做重写，以 24 倍速从 CD-ROM 盘读取数据。现在市面上已经有 52×32×52 的 CD-RW 设备。

每片 700MB 左右的光盘容量也曾使人惊喜过，然而现在已经是普遍感受到的限制。DVD 的容量原则上不受限制，但写入设备仍然比较昂贵，还没有达到大量普及的阶段。目前 DVD 主要用于视像数据的记录和传播，厂家格式繁多，还没有达到计算机数据光盘那样的标准和兼容。现在普通计算机的光驱虽然都能读取 DVD，但并不全能写入。单纯从容量和读写速度看，普通可移动硬盘比 CD-RW 好。没有转动部件的半导体闪存棒、卡等的容量也正在逐渐赶上来。但它们还不是成本低廉、小巧轻薄、可以随意奉送的简单数据介质。看来，大容量、低成本的数据媒体技术，还有一场鏖战。

从长远看，超大规模集成电路存储器的发展，或许有一天会消灭"内存"和"外存"的界限。到那时候，磁介质存储设备可能仍会保留下来，用作"海量"的信息档案。现在超级计算中心的数据仓库，已经在使用以 10^{15}（"拍"）字节为计量单位的磁盘阵列。将来记录密度进一步提高，以及记录、逻辑和通信功能的一体化，则可能要靠自旋微电子学的发展。我们在第九章再继续讨论。

第四章
计算机世界

在前面几章里，我们从各种元件的物理原理出发，考察了电子计算机的"微观"结构。在这一章里，要从"宏观"角度来讨论电子计算机系统的结构和功能。如果说，微观考察处处离不开物理学，那么宏观讨论则更多地进入了计算机科学和技术领域。然而，这里要涉及的一些概念已经是一切科学技术工作者都应当具备的基本知识。没有这些预备知识，也就无法在以后几章里进一步介绍物理学乃至整个科学技术和计算机的相互关系。

20世纪40年代电子计算机初诞生时，有人以为这样快的计算设备，将来每个国家有一台就成了。20世纪70年代末，中国科学院物理研究所的"六五规划"建议每个研究室有一台计算机，曾被讥为"要办成计算所"。曾几何时，计算机已经进入许多家庭，而且每一台个人计算机都比50年前只有超级大国才能拥有的巨型机还强大。2002年4月，全球计算机的销售总量已经超过10亿台。好景不长，PC（个人计算机）时代开始谢幕。基于数字芯片的信息技术正在把计算、通信、广播、摄影、摄像、电影、电视等诸多领域融为一体。每位现代社会成员随身携带的数字化处理能力早已超过早期的PC机。"计算机"本身变得越来越难以界定。然而，从专人伺候的少数单机到把上亿台计算机联系起来的全球网络，复杂高速的网络又成为超级计算机的骨架，这个发展过程还得从金鸡独立的单机讲起。

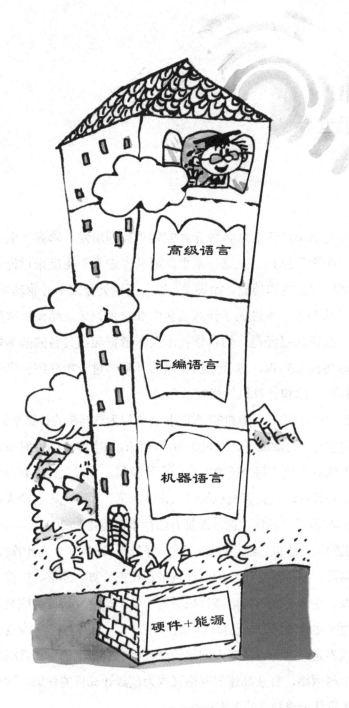

现代计算机大厦

即使只考察一台独立运行的电子计算机，它也是一座复杂的高层建筑。建筑的物质基础，当然是由元件、电路和许多精密机械组成的硬件，再加上驱使这些硬件动作的能源。然而，这建筑本身只是不会做事的躯体。计算机的生命来自无形的"软件"系统，它们乃是寄宿在硬件躯体上的"灵魂"或"精神"。没有硬件作基础当然盖不出空中楼阁，然而计算机的本领更大程度上取决于事先存放在硬件中的信息。这是不同于人类以往创造的一切机器的。不过，在我们深入参观现代计算机大厦之前，还要再提一下"正名"问题。

计算机和"算计"机

"计算机"是一个容易引起误解的名称。顾名思义，会以为这是专门作计算的设备，只有从事科学计算的人们才需要它。其实，仅仅在电子计算机的早期发展阶段，计算才是它的主要任务。当今世界各国，计算机越普及的地方，科学计算所占的比例也越低。计算机不"算"，才是更高的应用水平。

"电脑"更是一个不恰当的名字，应当保留给未来的功能强大、高度并行、具有"智能"的信息处理系统，不要为了短期商业宣传的需要而糟蹋了这个好词儿。即使是低等脊椎动物的脑子，也是大自然在千百万年进化过程中创造出来的杰作。目前功能最强大的电子计算机，也只是在少数单项指标上延伸了脑的功能，而在整体结构和所用的"算法"方面，还远逊于人脑。我们在第九章里还会回到这个问题。

现代电子计算机，充其量只是一种"动作迅速，头脑简单，唯命是从，一丝不苟"的信息处理机。什么名字对它更合适呢？汉语中"计算"和"算计"的含义不同。"计算"比较单纯，无非是从数到数，而这早已不能概括计算机的功能。"算计"的意义比较广泛一些，包括估计形势、权衡利弊、作计划、出主意等"非数值"

的方面。也许，"算计机"是比计算机更恰当些的名字。然而，约定成俗，计算机一词已经用开，不可再改。我们在发表了上面这些有关"正名"的议论之后，在本书中继续使用"计算机"这个名称，但也不再提"电脑"一词。

人们常常谈论计算机的分"代"。例如，第一代是 20 世纪 40 年代到 50 年代的电子管计算机。第二代是 20 世纪 50 年代后期开始发展的采用分立的半导体晶体管的机器。第三代是 20 世纪 60 年代中期以后采用集成电路元件的系统。上面这些按元件类型的划分，界限还比较清楚。第三、四代的划分，则更多是靠"集成度"的高低。按上一章最后一节的说法，有人把用 SSI 和 MSI 制造的计算机称为第三代，而以 LSI 特别是 VLSI 开始作为第四代。至于第五代计算机，更是将技术预测和推销广告混为一谈，众说纷纭，莫衷一是。其实按元件划代的说法是很片面的。所有这些机器都未能超出冯·诺伊曼的老框架，都属于同一代冯·诺伊曼计算机。我们在这一章里，把遵从冯·诺伊曼框架的计算机粗略地分成单机、并行机和围绕内部网络组织的超级计算机。后者当然也都是并行机。至于真正的新一代计算机，应当在结构上高度并行，算法上具有智能特色，与以往各代有本质不同。读者经历本章的宏观考察之后，对此当有新的领会。

软、硬、虚、实的关系

一台大型电子计算机的各种技术说明书和使用手册，可以装满几个书柜。谁能先读完浩如烟海的资料，再开始使用计算机呢？即使是科班出身的计算机系毕业生，在工作岗位上遇到的也是新一代技术。书本上的学问，半是普通常识，半是无用垃圾。其实人们就是靠了那点普通常识，在实践中学习。这里最重要的是"全局在胸，单刀直入"八个字。单刀直入，指的就是从自己遇到的实际问题出发，掌握最低限度的基本知识，通过动手实践，不断扩充知识，深化理解。所谓"全局在胸"，关键是领会"软""硬""虚""实"四个字的含义和关系。

　　"硬"是硬件加能源。中央处理器（英文简写 CPU）、外围处理器、通信控制器、主存和外存、外部设备和各种各样的硬件愈来愈多地成为自动化生产线上源源不断的标准产品。根据不同的需要，确定硬件的总体配置。简单说，把各种硬件"挂"到"总线"上，就组成了一台计算机（图 4.1）。

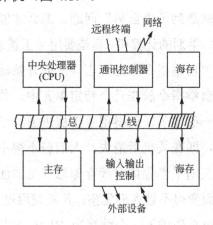

图 4.1　以"总线"为中心组织计算机

　　以"总线"为中心，把各种设备组织起来，是冯·诺伊曼计算机的基本建筑风格。总线可能不止一种，各种处理器、输入输出设备、海量外存储器，都可以用总线方式组织。总线提供了相当大的灵活性，允许同一型号的计算机具备相差悬殊的配置方案，而小型配置方案可以根据需要不断扩充。还可以实行"换头术"：更新计算机系统时，只把中央处理器换成高档型号，其他设备基本不动，总处理能力就提高若干倍。然而，"交通拥挤"的总线，也成了提高冯·诺伊曼计算机处理能力的主要障碍，有时被称为"冯·诺伊曼瓶颈"。并行计算机的重要进展之一，就在于突破了单一或少量总线的框框。我们在本章后面讲超级计算机和并行计算时再回到这个问题。

　　在硬件基础之上，是多层而"无形"的软件大厦，这才是现代计算机大厦的主体。我们在这一章开头，就把软件比做计算机的"灵魂"或精神。不注入"灵魂"，计算机什么也不会做，连最简单的加、减、乘、除也不成。一台不带软件的计算机，绝对没有商店里随处有售的便宜计算器好用。事实上它什么事都不会做。只有把用二进制编码表示的指令和数据一条一条地装进存储器，并且告诉计算机从哪一条指令开始执行，它才会运行起来。不过，这里提到的"装进存储器"，也得执行几条事先保存好的指令才能做到。

这样，我们就遇到了"自举"问题：怎么才能捏住鼻子把自己从地面上提起来？早期的计算机，真是要用手工拨动一批代表 0 和 1 的开关，把几条"自举指令"送进去，才能开始运行。使用磁芯存储器的年代，把自举指令放在几个特定单元中，关机时其状态一般不会被破坏。万一破坏了，还得用手工拨进去。半导体存储器里的信息会"挥发"，即在关机后消失，人们曾不得不保持一部分磁芯存储。直到后来发明了半导体只读存储器（见前面第三章），自举问题才完全解决而变得不被人们觉察。凡是使用过个人计算机的人，都会注意到开机时首先进入一个缩写为 BIOS 的基本输入—输出系统。这是硬件和软件之间最初始的接口，是计算机主板上一块特别的芯片。现代计算机似乎打开电门就能运行，其实 BIOS 已经自动实现了"自举"过程：它执行特定的若干条指令，对硬件进行自检，最后把"操作系统"（后面要专门解释）从磁盘上调进主存。踏步等待用户发出进一步的指示。"踏步等待"其实是操作系统的一种运行状态。

我们重提已经过时的"自举"问题，就是强调计算机硬件只有在软件调动下才能获得生命。存储器中没有几条指令时，不用说作计算，连"启动"和"停机"都办不到。软件，就是由指令和数据组成的逻辑信息的集合，加上使用它们的方法。这些记录在磁盘、磁带和说明书中的信息，集中了人类使用电子计算机的大量经验和智慧，是一种无形的财富。和硬件的流水线生产相反，软件是脑力劳动的产物。现代计算机软件，是多方面、多层次的复杂体系，它们在计算机大厦的建筑成本中所占比例日益上升，而硬件的价格和性能比值不断下降。软件市场的诞生历史生动地反映了这种变化。

直到 20 世纪 60 年代末期,在计算机生产中占垄断地位的 IBM 公司一直实行出卖硬件,随带软件的政策。这就压制了软件市场的出现,因为既然有免费的软件可用,人们一般不再花钱去买哪怕是性能稍好的同类程序。然而,到了 20 世纪 70 年代初,软件的生产成本越来越高,多种多样的软件又非一切用户所必须齐备。IBM 公司不得不改变政策,只随主机供应(实际上是出租)基本软件,其他程序一律议价。这样一来,就出现了展开竞争的余地。于是,软件市场应运而生,软件公司如雨后春笋。两三位有新想法的程序员,就可能另立门户,专门生产在 IBM 或其他计算机上运行的某些软件,短期内创造出大量财富。比尔·盖茨就是一个成功的范例。软件的专利、版权、保护和保密等一系列法律和实际问题,也提上了日程。20 世纪 70 年代初,就有人在文章中指出,也许若干年后,会出现另一次转变。那时软件生产者将宣布:本公司专门提供优质软件,随软件免费奉送计算机。其实,这种苗头在 20 世纪 80 年代后期已经出现:有一张提供文字排版软件的广告,所开价格就包括了激光打印机在内。

一个国家的软件研制水平,决定于计算机的普及程度和使用经验。日本和中国的某些人士对于软硬件差距的不同估计,恰好说明了这一论断。日本计算机科学界的一种相当普遍的看法是,硬件方面有把握赶上和超过美国,而在软件方面还需做很大努力。而在我国,不久前还可以听到几乎相反的观点,即在硬件方面我们差距很大,而在软件方面,由于中国人聪明勤奋,我们可以很快赶上去。然而,没有受过高水平科学文化教育的青年,只靠聪明勤奋是不会自动成为科学家和思想家的。只有扎扎实实地在各行各业中普及和推广计算机,才有希望在中国这片土地上发展出有创造性的在国际上领先的软件科学和软件产业。

软件发展到一定程度,带来了新的"虚""实"关系。虚拟存储器是一个好例子。当计算课题要求的存储容量超过允许使用的主存大小时，程序员必须化整为零，把问题分割开来，不断与外存储器交换信息，一块一块地进行处理。这又是十分烦琐、极易出错的过程。然而，在许多现代计算机上，使用者可以不管实际配置情况，简单地"定义"所需的存储容量。可以虚拟的何止是存储器。原则上用户可以"定义"自己的系统配置。现代的"云计算"中心，更是随时向用户提供功能强大的软硬件服务，使用者只要按需调用，根本不必关心这些软硬件设备位于何处。

计算机语言

现在让我们由下往上，一层一层地参观软件大厦。最靠近硬件基础的，是直接用"机器指令"写成的各种程序。我们在第二章里曾经用一张假想的机器指令表介绍过指令的基本概念。简单地说，

机器指令 = 操作码 + 地址码

操作码和地址码都是用 0 和 1 表示的数，放在地址单元中的数据也是由 0 和 1 组成。精心编排的一条条指令和数据，放在内存的一定区域。硬件能够认识和执行这些指令。这是最底层的程序、最基本的软件。可是用 0 和 1 来编排程序，是十分细致、极为烦琐的事情，稍有不慎就会出错。因此，早在电子计算机的初期发展阶段，就提出了程序设计自动化、用程序产生程序的想法。

最原始的做法，是保留机器指令的结构，用便于记忆的符号和名字，分别代表操作码和地址码。例如，加、减、乘、除、取数、送数用 +、-、*、/、←、→六个符号表示，三个工作单元的地址用 DOG、CAT、MOUSE 等名字代表。于是，可以不必事先记住二进制代码而写出下面这样一段程序：

←DOG　　%取 DOG 单元的数到中央寄存器

＋CAT　　%寄存器中的数加上 CAT 中的数，结果放回寄存器

　　*MOUSE　　%寄存器中的数乘上 MOUSE 中的数, 结果放回寄存器

　　→DOG　　　%送寄存器中的数到 DOG 单元

上面每行中%后面的文字是写给程序员自己看的注释, 不是程序的一部分。顺便提一下, %正是许多现代程序语言中引入注释的记号。由于硬件并不认识这些程序员使用的符号, 计算机必须带有一个专门软件, 用来把这些符号指令翻译成由 0 和 1 表示的机器指令。这些用符号表示的指令, 现在称为"汇编语言"。把汇编指令转换成机器指令的软件, 称为"汇编程序"。"汇编"并不是一个好名词, 它容易使人误解。不过, 我国计算机科学名词不像物理学那样, 有老一辈学者细心斟酌、严格把关, 而是仓促急就, 约定成俗, 于是什么"窗口""菜单""失措""伪指令""脚本""垃圾"全成了科学术语。我们也不得不承认既成事实, 沿用一些不很恰当的名词。

　　概括起来说, 汇编语言中的语句, 保持着机器指令的结构, 即

$$汇编语句 = 操作符号 + 存储单元名字$$

用汇编语言写出的程序, 一般说来也保持着同机器指令一一对应的关系, 不过中间要夹带许多给汇编程序的"伪指令"。这些伪指令不被"汇编"出来, 不进入最终的程序, 但是影响存储分配、程序的分块和联接等。比汇编语言稍微高级一点的是各种"宏汇编语言", 它具有"一多对应"的功能。一个宏汇编语句可以被转换成许多条机器指令, 从而进一步节省编写程序的劳动。在前面计算机大厦的漫画中, 我们没有为宏汇编语言画出独立的层次, 而把它并入了汇编语言一挡。

　　汇编语言强烈依赖于硬件。除了专业程序员之外, 现在仍用汇编语言设计程序的人已经很少。非计算机专业的科学技术工作者多数只从某种"高级语言"入手, 学习使用计算机。如果把上面的几行汇编命令写成一句话:

$$DOG = (DOG + CAT) * MOUSE$$

然后由特定的软件（"编译程序"）把它翻译成机器指令去执行，那就方便多了。这样，我们就更上一层楼，进入了"高级语言"的长廊。

推开几扇房门，进去试一试和计算机对话，请它为自己服务。你会发现，人们在不同的房间里讲的竟是不同的语言！只有像学外语那样，掌握了一种乃至多种高级语言，才能同计算机打交道。好在计算机语言比人类的自然语言简单易学得多，问题倒在于它们的种类太多，必须做出恰当选择。不过对于一位科学工作者来说，作选择之前首先应当问清楚自己所能使用的计算机究竟配置了那些语言。然而，绝不是配备的语言越多越好。在特定的科学技术环境中，人们经常使用的语言种类有限，国际上通常用来交换程序的语言为数更少。下面从几个不同角度，介绍一下计算机语言的概貌。

按用途划分，科学计算、数据库检索和管理、行政和商业管理、发展软件系统等不同的领域，要求使用不同的语言。科学计算中，数值计算和非数值计算也使用不同的语言。20 世纪 50 年代后期，以欧洲学者为主进行了数值计算语言标准化的成功尝试，建议了ALGOL 语言的标准文本。这种语言的构造经过较为认真的数学论证，它的功能也比较完备，但"讲"起来很像是"话中有话"的绕口令。差不多在同一时期，IBM 公司为自己的计算机发展了另一种数值计算语言：FORTRAN。FORTRAN 语言带有强烈的美国实用主义色彩：平铺直叙，夹带着若干硬性约定，包含着不少可能出"副作用"的欠缺，但熟练的程序员可以高效率地用 FORTRAN 解决实际问题。

经过近 30 年的竞争，在科学计算领域中实用主义的 FORTRAN基本上排斥了风格严谨的 ALGOL。然而，20 世纪 70 年代初期，软件家庭中诞生了一对双胞胎，这就是一种数据结构丰富而指令风格更接近机器语言的 C 语言和用 C 语言编写的 UNIX 操作系统。C 语言在科学计算中逐步占据上风。本书作者之一虽然是我国第一本写给科学技术工作者的 FORTRAN 语言教科书[①]的作者，也从 1987 年起完全改用 C 语言。

有一段时间，特别是在美国，人人都承认 FORTRAN 有严重缺点，但是又无法摆脱凝聚着巨量投资和千百万科学工作者劳动成果的各种 FORTRAN 程序库。关于"FORTRAN 何时退休"的争论已经发生不止一次，FORTRAN 自己的标准也不断修改，从 IV 到 77 到 90，越改越像 C 语言。至今在科学计算环境中，C 和 FORTRAN 仍然并存。不过我们奉劝年轻的科学技术工作者不必再去学习 FORTRAN。

为了用计算机进行从公式到公式的解析推导，人们发展了另一批语言，像早期贝尔实验室的 ALPAK（1964）和 ALTRAN（1966）、REDUCE（1968）、1970 年代 IBM 公司的 FORMAC 和 SCRATCHPAD、对后来有过很大影响的 MACSYMA（1970）、1971 年在欧洲联合核研究中心（CERN）发展的 SchoonShip，以及 Maple（1980）、Mathematica（1988，它源于 1982 年的 SMP）等。Maple、Mathematica 和 REDUCE 的改进版本现在已是商品化软件，并在许多科学计算环境中运行着。计算机解析推导现在通称"计算机代数"。许多计算机代数语言的诞生与理论物理学有密切关系。1999 年诺贝尔物理学奖的获得者维特曼和特胡富特师生二人，前者是 SchoonShip 的设计者之一，而后者的早期工作就包括使用这一工具计算量子场论中的费曼图。设计 SMP 和 Mathematica 的沃佛莱姆当时是理论物理学的研究生。我们在第五章里介绍如何用计算机推导公式时，还要提到一些这类语言。

用计算机推导公式是一种"人工智能"应用。许多计算机代数语言也是用人工智能的基本语言 LISP 写成的。LISP 是一种表处理语言，其逻辑简单而结构完全不同于其他高级语言。有人曾开玩笑说，

[①] 郝柏林，FORTRAN 程序设计讲义，四机部第 15 所《电子计算机参考资料》，1977 年第 1/2 期合刊；FORTRAN 程序设计，人民邮电出版社，1980；FORTRAN77 程序设计，人民邮电出版社，1987。

天下的计算机语言分为两大类，一类是 LISP，一类是所有其他语言。不过，一度看涨的人工智能泡沫曾经濒临破灭，LISP 语言也已青春不再。然而，LISP 的影响深深留在许多现代软件中，识者仍可随处感知。

高级语言五花八门，变化无穷，但是它们的工作方式基本上分两种：解释和编译。初学者用的 BASIC 语言，LISP 语言的基本核心，以及后面马上就要提到的 JAVA 语言，都是用解释方式执行的，这时并不根据用户写的程序先产生另一份机器语言的程序，然后再去执行后者，而是直接由"解释程序"读入一句执行一句。解释程序通常以会话方式运行，用户可以坐在终端显示屏前，每输入一句立即看到执行效果，或得到出错信息，再修正错误继续往下计算。这种工作方式显然效率较低，但是可以较充分地发挥人的主观能动性。

多数高级语言用编译方式工作。用户必须按照语法规定，写好一篇"源程序"，然后调用软件系统中相应的"编译程序"。编译程序把源程序读进去，进行语法检查，造出各种符号对照表，对程序进行"优化"，编译出"目标程序"。编译通常也分两步，先产生用汇编语言表示的中间结果，再由汇编程序转变为可以执行的机器指令。用高级语言算题的过程画在图 4.2 中。图中方框里是用户编写或由系统根据用户程序产生的程序，而椭圆框中是系统软件，即计算机的一部分。这个图只是粗略示意，并没有反映细致的软件层次和循环往复、渐趋正确的调试程序的过程。

解释和编译并不是截然划分的。许多计算机上备有"编译 BASIC 语言"，完备的 LISP 语言也带着编译程序。个别计算机上配有"会话 FORTRAN"。不过科学技术工作者通常只能有什么语言用什么，没有多大选择余地。

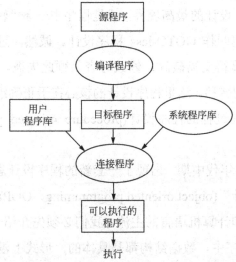

图 4.2　使用高级语言算题的过程（椭圆框中是系统软件的一部分）

　　本书迄今的叙述，好像假定读者对于什么是"计算"、什么问题"可计算"、什么是"算法"、什么是"程序"和"程序设计"等，都已经有了基本的认识。其实，这就是本章前面说到的"全局在胸，单刀直入"。只要对于这些概念有一些深浅各异、正误参差的理解，就可以继续阅读。在第七章的最后两节，我们再回到这些本质上极其深刻的问题。

从 POP 到 OOP

　　不论用何种语言编写计算程序，都有一些共同的指导思想。程序设计思想在近半个多世纪也发生了很大变化。如果必须为每一步计算写出一行指令，那可能还是手工操作最为方便。任何计算任务都应当分解成可以适当重复进行的许多过程，例如函数和子程序。程序中可以有平铺直叙的"串行模块"，反复执行的"循环模块"，以及根据情况判断下一步往何处去的"分支模块"。使用这三种模块可以实现任何科学计算，这是所谓"结构化程序设计"的基本纲领。结构化程序设计的最高境界，就是程序中一条"转移"（GOTO）命令也没有，也叫作 GOTO-less 程序设计。诚然，过多地使用"转移"会使程序显得支离破碎，修改时容易顾此失彼。然而也没有必要硬性排除一切转移。这里程序设计的核心在于正确组织各种各样的过程。这是面向过程的程序设计(procedure oriented programming，POP)。

20 世纪 80 年代中期，出现了一套新的程序设计思想，即"面向对象的程序设计"(object oriented programming，OOP)。OOP 逐渐发展成程序设计和计算机语言的主流，我们必须先介绍一些基本概念。

在 POP 程序中，数据结构都是具体的，形式上没有规定各个过程和数据结构的关系。这种"自由"度，反而使程序的运行方式变得相当不自由。运行一个 POP 程序，基本上就是按事先设计好的顺序，依次调用各种过程。过程的调用顺序可以在运行中做适当改动，但这都要预先在程序中设计好，采用判断或"中断"的方式实现。程序员或用户不能灵机一动，就在运行中随意改变各个过程的组织方式。

OOP 的基本思想是数据结构抽象化。在定义数据结构时，就要做好两方面的规定。第一，数据结构的性质、状态或属性；这在 POP 中已经有一些。第二，规定在此数据结构上允许实行的操作，凡是没有事先规定的操作以后都不许使用。这样的数据结构称为一个对象或一个"类"。对象是带有操作的数据结构，或者说由操作刻画的数据结构。从形式上看，数据结构与操作的关系不自由了。然而，这些对象是抽象地定义的，运行中可以随时形成新的、同类的数据结构。这样一来，就有了相当自由的程序运行环境。程序设计就是分别定义各种对象，把对象在调度程序中进行登记，而程序的运行就是动态地激活和调用各种对象。对象的调用顺序和同时激活的对象数目都是相当自由的。

考察一个实例，会有助于理解 OOP 的精神实质。本书的读者大致都使用或至少看见过个人计算机的视窗系统。你想过没有，这些由用户随便打开和关闭的大大小小、各种各样的窗口，也都是由程序实现的。实际上，这是基于 OOP 概念的多窗口管理系统。这里的对象是窗口，它的性质可能包括：窗口尺寸、出现在屏幕上的位置、是文字还是图形窗口、是否能变大变小或上下左右移动、窗口显示的内容如果被别的窗口覆盖，要不要保留和自动恢复，等等。允许在窗口这个对象上实行的操作可能有：建立或取消窗口、移动位置、改变大小、打开、关闭、退出，等等。事实上，窗口是一类"父对象"。它规定了各种窗口所共有的性质和操作。可以在"父对象"下面再说明子类，"子对象"除了继承父类的定义，还可以增加新的性质和操作。例如，可以用鼠标拉出来的"菜单"就是一种子窗口。然而，在用户实际建立和打开之前，窗口只是一种数据结构。每个用户按并未事先规定的顺序，自由地建立、打开、关闭、移动或退出若干窗口，改变它们的尺寸，在各个窗口中运行不同的作业。视窗系统的用户如果想把一个窗口的内容左右"反射"一下，这就是办不到的。因为"对象"或"类"的定义中没有包含这种操作。多窗口管理系统提供了形象的多道并行的环境。事实上，正是多窗口管理系统的需要催生了 OOP 概念。

实际上 OOP 的发展也经历了悠久的历史。1964 年一位瑞典程序员设计的 Simula 语言已经有"对象"这个概念。20 世纪 70 年代在施乐公司的一个研究中心，人们设计了名为 Smalltalk 的 OOP 语言，不过很长时间没有商品化。后来它的设计者另立公司，1988 年推出了 Smalltalk 80 商品。Smalltalk 的概念完备，但执行效率较低，未能广为流传。对 OOP 发展起了很大推动作用的，是 C 语言的 OOP 扩充，即 C++语言。这是一个简短、高效、实用的语言。1998 年公布了 C++语言的国际标准，它同时也是美国的国家标准。C++加上强大的"标准模板库"（STL，请不要同 C++语言的"标准库"混淆），目前是最为广泛使用的 OOP 语言。

另一种目前广泛使用的 OOP 语言是 JAVA。一个应用程序能不能在不同的计算机上不做任何改变就顺利执行，对于用户是一个大问题。中央处理器指令系统的差别是妨碍"可移植性"的一个因素，这可以通过引入一个通用的中间语言层次来解决。JAVA 语言就是先把程序翻译成通用的字节码，而且用户可以免费为各种型号的计算机下载翻译和执行字节码的虚拟 JAVA 环境。图形和图像也是各种应用程序中可移植性比较差的部分。这在 JAVA 语言中也得到很好的解决。作为解释型语言，JAVA 的执行效率比较低。不过，随着处理器速度的提高，用户的此种抱怨日渐减少。当然，我们并不建议用 JAVA 去做大规模的数值计算。

计算机网络的发展，促进了网络程序设计和相应语言的发展。我们将在介绍网络之后再回到这个话题。

操 作 系 统

现在我们再登一层楼，进入软件大厦的"操作系统"层次。首先要介绍一下操作系统的基本概念。

早期的电子计算机采用分配机时，轮流上机的运行方式。每个算题员在指定的时刻，带着纸带、卡片、磁带和操作说明书来到控制台前，做好准备，按"清除""启动"钮，开始计算。计算过程中出现任何严重问题，都要停机等待人工干预。这时只能从大量指示灯的明灭，获取停机现场的信息，作出判断和处置。随着计算机技术的发展，从时间、空间两方面看，都不能再沿用这种运行方式。

从时间看，一个计算机系统至少涉及三类相差悬殊的处理速度。主机的拍节以微秒、纳秒计，每秒钟可以执行几百万到上亿条指令。带有电动机、继电器等电机械成分的外部设备，动作时间以毫秒计。人的反应和操作时间，最快也只能以秒计。打字机印出两个字母的间隙时间，主机可以执行许多条指令。操作员 1 秒钟的犹豫，会耽误掉一批小题目的处理。从空间看，计算机有大量主存和外部设备，多大的题目也不可能独占一切设备，使它们都处于经常忙碌的状态。任何设备和处理能力的闲置，都会造成系统资源的浪费。因此，运行现代计算机的基本原则是排除人的直接干预，由专门的软件——操作系统来自动调度管理。

操作系统是计算机的一部分，应当由生产厂家或专门的软件公司提供。随着计算机的使用方式由一人使用一台机器，过渡到许多人同时使用一台机器，再发展到很多人在大量机器联接成的网络中工作，操作系统也变得越来越复杂。20 世纪 60 年代中期 IBM 公司为了发展其 360 系列的操作系统，就曾花费了 6000 人年的工作量。这绝不是一般用户力所能及的。微软公司的视窗化的操作系统，更是唯我独尊，莫之奈何。我们只能从使用角度谈谈操作系统。

历史上有过各式各样的操作系统，现在占主导地位的只剩下两家，即贝尔电话公司实验室发展出来的 UNIX 系统和微软公司的适用于个人计算机的种种视窗系统。我们不深入细节，只从使用角度略做介绍。

科学技术工作者通常会在两个水平上使用操作系统。在最基本的水平上，应当学会使用操作系统中常用的命令，处理自己的文件和作业。在更高一级上，则要懂得怎样编写通过操作系统与系统资源"耦合"的应用程序，使自己的程序不仅在操作系统调度下运行，而且可以通过操作系统调动各种资源。在外人看来，这样的程序好像是扩大了操作系统的功能。我们先在最低水平上介绍一些基本概念。

操作系统对计算机资源和用户作业进行调度管理。这里最重要的是"文件"概念。首先，有一大批供一切用户享用的"系统文件"，其中包括操作系统本身和上一节里提到的各种语言的编译和解释程序，以及产生和修改文件用的编辑程序，连接程序等。初次上机的新手，在开机或接通计算机终端之后，往往只要发出请求帮助的命令HELP，就可以获得大量有益信息。这也是操作系统管理的一类文件。

其次，每个用户在工作过程中会逐步建立和积累一批"用户文件"，其中包括各种程序模块、原始数据、计算结果、保存起来的图形和多媒体数据、与他人的通信副本、自己的文章草稿，等等。这些文件，有些可与别人共享，有些必须对外保密，未被授权的人不能看到。

文件并不限于文字或编码的信息。有些外部设备也可以当做"文件"看待。例如，键盘是一种"只读文件"，打印机则是"只写文件"。发一条操作系统命令，把"键盘"文件连接到"打印机"文件，实际效果就是把键盘输入随敲随印。

文件的生成，修改、编辑、合并、删除和目录管理是操作系统的最重要的功能之一。用户众多或文件成堆时还必须实行分层次的管理，允许建立和取消各级"子目录"。这些都是文件管理系统的任务。

输入输出设备管理是操作系统的另一项重要任务。这里的首要原则是不允许用户直接使用输出输入设备（除了自己的终端以外）。设想一下相反的情形：用户程序中的每一个打印语句都使得打印机立即动作，同时执行几个程序，打印结果就会乱成一片。实际上程序中的每一条输入输出命令，都只是向操作系统提出申请，由操作系统做出排队处理的安排。一条打印命令只是把要印出的信息送到特定的临时文件中，待作业结束时加上头尾信息一并印出。一个程序中的许多条读入命令，其实都是从已经一次读入并暂存的文件中，逐次取来信息。

对于物理实验有重要意义的是操作系统的时钟管理。对于一个操作系统往往可以定义多种时钟，其中很重要的是与日常时间一致的"实时"，即实实在在的时间或"壁钟时间"。在具有实时管理功能的操作系统控制下，可以规定某个程序从事先指定的时刻自动开始运行，或者每隔15分钟"睡醒"一次去采集数据，或者到午夜12时自行结束。普通科学计算较少用到实时功能。具有这种功能的操作系统，往往在名称上强调出来，称为"实时操作系统"。

操作系统的功能还有通信和网络管理、提供程序调试手段、窗口管理、虚拟存储管理、提供"中断"服务（下一章要讲一点"中断"），以及作业和"进程"的排队调度等，我们不再一一介绍。实践中应当采取临渴掘井的方针，用到了再学。

前面提到了通过操作系统使用系统资源。这就要求用操作系统命令编写文件，把文件名字当成新的操作系统命令一样使用。这类文件得了个很不恰当的汉译名字，叫作"脚本"。编写脚本不是必须学会的事情，但对于物理学工作者并不困难。

操作系统所拥有的一类重要资源是图形功能。这是因为现代操作系统大都具有视窗化的界面。窗口、菜单、按钮、滚动条，凡此种种都是操作系统自己使用的图形对象。它们随着计算机一起来到用户手边，许多人不知道也不利用。例如，绝大多数 UNIX 工作站使用麻省理工学院发展的 X 窗口系统，它的图形函数库叫 Xlib，相应工具库是 Xtoolkit。发展这套系统的班子早已散去，它的久经考验的最后版本 X11R6 已经冻结在那里供人们免费下载，也随着每一台工作站到达最终用户处。

制造工作站的厂家为了使产品具有独特的"观感"，都在 Xlib 的基础上定义自成一格的窗口对象。在 SGI 工作站上这是 Motif，在 Sun 工作站上叫作 OpenLook。它们都是商品软件。调用这些资源编写出的应用程序，与所在工作站的窗口环境和谐一致、浑然一体。然而，它们的可移植性也相应降低。如果不想花钱，也可以调用随 X11R6 免费提供的名为 Athena 的窗口零件定义软件。在微软视窗系统后面，是"微软基本类"的定义系统，缩写为 MFC。使用 MFC 编写的带图形接口的应用程序，观感等同于其他微软产品。

然而，能够直接使用 Xlib 为 UNIX 工作站设计图形接口或者用 MFC 为微软视窗编写应用程序的用户越来越少。此中重要原因，部分地在于 JAVA 语言的日益普及。事实上，JAVA 也配有对 Motif 或

MFC 的调用，以保持同所在系统环境的观感一致。

与高级语言不同，操作系统更多地依赖于计算机厂家提供。虽然在同一台计算机上可以安装和运行多种操作系统，但一般人倾向于固定使用一两个最顺手的系统，或是不得不安于随机器买来的那个系统。各种操作系统的用法大同小异，只要懂得了基本精神，很容易从一个系统切换到其他系统。

高级语言和操作系统的设计，都同时经历着标准化和非标准化两个发展过程。高级语言的标准化由来已久，操作系统也已明确归结为 UNIX 和微软视窗的竞争。应当指出，早期的微软磁盘操作系统（MS DOS）其实借鉴了 UNIX 系统的一部分命令。现今的微软视窗系统仍然是个人计算机水平上的玩意儿，从工作站到超级计算机基本上都是 UNIX 的一统天下。有志于大规模科学计算的人士，必须走下微软的小船，登上 UNIX 的航空母舰。另一方面，为了适应新的技术发展和新的程序设计概念，现有的操作系统也在不断添加新的功能。计算机领域时新日异，只有不断学习，才能避免不进则退。

最后，对本节所述做一小结。操作系统是计算机和人之间的"接口"。计算机大厦漫画中坐在屋顶亭子间里的使用者，事实上可以安然坐在办公室或家里的计算机前面，甚至远在万里之外，提交作业和监视进程。软件大厦的各个层次的基本特点可以概括为：

机器语言：用操作码处理地址码
汇编语言：用操作符号处理变量名字
高级语言：用语句处理各种数据结构
操作系统：用系统命令处理文件

知识产权和软件共享

知识共享是人类历史进步的主流，是使人类最终脱离禽兽状态而进入文明社会的主要推动力之一。知识产权和发明专利是商品经济的产物，它的目的是鼓励发明创造、使发明人因其贡献而得到回报。同时，世界各国对于专利权的保护都是有年限的。作为科学工作者，对于研究成果应当负责任地做出抉择，或者公开发表、无偿地提供给社会，或者申请专利，谋求一定时期内的经济效益。物理学家在两方面都做出过先例。伦琴清楚知道 X 光的应用价值，却自觉地把它奉献给人类；他获得诺贝尔物理学奖是当之无愧的。另一位现代德国物理学家，液晶显示原理的发明者贺福利希也没有谋求专利。两种选择、两种做法都应当受到社会的承认和鼓励。在计算机软件领域，专利和共享两种做法泾渭分明，各有千秋。软件产业的诞生就伴随着知识产权和专利。然而，我们在这里要特别介绍软件共享的实践者们的巨大贡献。

早在 20 世纪 80 年代，美国就有一批软件高手呼吁公开交换程序源代码，实行软件共享。他们的办法是编写了各种源码公开的软件，无偿提供给非商业性的使用者。1983 年成立了自由软件基金会，基金会的主要创始人斯陶曼就编写了至今仍广为使用的编辑程序 EMACS。他和支持者们提出了著名的 GNU 自由软件计划和"GNU 软件公众使用协议"。自由软件是有明确产权的。这首先是承认首创权和软件自由交换的主张。他们把英文中的版权或著作权一字 copyright 巧妙地改成 copyleft（right 是"右"或"权利"，left 是"左"或"剩下"）。他们强调"剩下"的版权，那就是每份软件前面的"GNU 软件公众使用协议"必须保持原状并随软件提供，虽然代码本身可以自由交换和修改。自由软件并不是绝对不收费的。例如，可以收取服务费用，也可以在签署另一类有偿协议后在商业产品中使用自由软件。全球计算机网络的发展为软件共享事业提供了广袤的物质平台。

自由软件事业的支持者们的贡献之一，就是用自己的行动逼迫软件商们提高质量和服务。一般说来，人们没有必要购买 C 或 C++ 语言的商品编译程序，因为有高质量的 g++编译程序。许多其他软件也是如此。不少自由软件基金会以外的人士也按照同一原则行事。

这里有绘图软件 Gnuplot，有从屏幕上抓取图形并可以多种格式保存或输出的 xv，有从大量文本数据中提取和报告信息的 Python 语言与 Perl 语言。顺便说，这后两种语言都是面向对象的。然而，这里特别要强调的是 UNIX 操作系统的 PC 机版本，即源码公开的 Linux 系统。

1991 年夏天一位小名叫 Linus 的芬兰赫尔新基大学的计算机科学本科生托瓦勒茨着手把功能强大的 UNIX 操作系统移植到与英特尔微处理机指令系统兼容的 PC 机上。他采用了公开源代码的做法，使得世界任何地方的软件高手都可以有所贡献。这样形成的满足 UNIX 标准的 Linux 系统，就发展成了一个可以和其他操作系统抗衡的系统。其实，Linux 只是一个公开的操作系统核心。现在有不少提供 Linux 软件和服务的公司，他们在 Linux 核心上添加其他自由软件、印行使用说明书和提供咨询服务。比较著名的供应商有红帽子（Red Hat）、SUSE、Debian 和 Ubuntu 等。通常这些 Linux 操作系统都可以自由下载、自行安装，也可以从公司购买说明书、光盘和服务。

我们还应当提一下科学文献的免费自由交流，因为这又是物理学家们起了带头作用而计算机网络提供了方便手段的事业。物理学基础研究一向重视首创权，因此有必要把最新的学术论文在正式发表前就送到同行手里。在 20 世纪 70 年代，国际上一些较大的物理学研究中心打字出版和主动邮寄预印本。这种做法逐步扩大到几乎所有的研究单位。计算机网络发达起来之后，电子预印本渐渐代替了纸质印刷品。不过，就像没有货币的"以物易物"，没有"中心"的自发交流也有着明显的局限。于是 1993 年美国洛斯·阿拉莫斯国家实验室的一位物理学家发起建立物理学预印本的电子档案：任何先经少数同行过目的文章用电子邮件送到档案库，立即被自动加注收到时间并赋予永久性的编号。在物理学领域，人们早就承认并尊重被这样确认的首创权并可按编号加以引用。虽然有过涉及版权的怀疑和争论，这项由个人发起的事业还是发展成现在设立在美国康耐尔大学的国际电子预印本库①。它的覆盖范围已经从物理学扩大到数学、非线性科学、计算机科学和定量生物学等领域。

与此平行的是科学期刊的自由阅读和下载。几年前国际上数万学者曾经在互联网上签名，呼吁所有的科学期刊在出版半年后提供网上的自由阅读和下载。目前许多刊物是这样做的，只是自由开放的过期时间不同。最近又出现了一种新动向，即由作者付钱使得文章从出版时刻起就可以免费下载。例如，《美国科学院院报》从2004年起这样做。又如《核酸研究》从2005年起成为网上自由阅读和下载的刊物，代价是作者需付1000美元左右，这比有些刊物的版面费所增无多。此外，同纸质版一样经过严格审稿的免费电子刊物也正方兴未艾，与日俱增。

本节的主旨在于说明，保护知识产权并不是处处收钱。尊重首创权和把成果免费提供给社会的权利，是不可或缺的另一方面，而且更有助于推动人类社会的进步。

巨机不巨、微机不微

在电子计算机发展的前30年里，人们制造和使用的几乎都是独立运行、自成体系的单机。技术日新月异，设备出新推陈。今日微机，超过昔日巨机。有哪一台大型计算机是"老掉了牙"，才不得不更新换代？绝大多数计算机仍处在良好运行状态时，就被功能更强、速度更快、容量更大、耗电更少、体积更小、使用维护更为简便的新型号取代。这种现象在政治经济学中叫作"道义磨损"。道义磨损是当代新技术发展的一大特点。

计算机的大小很难用单一指标描述。仅就中央处理机而言，运行速度和主存容量当然是两个最重要的方面。每秒钟执行100万条机器指令，称为1个MIPS（这是Million Instructions Per Second 的缩

---

① 参看网址：http://arxiv.org。

巨机不巨　微机不微

写）。对于科学计算而言，更重要的是每秒钟能完成多少次浮点数操作。每秒钟能执行 100 万（Mega）次浮点（floating point）操作（operations）的能力，简称 1 个 Megaflops 或 Mflops。每秒执行 10 亿（Giga）次和 1 万亿（Tera）次浮点运算，分别称为 1 个 Gflops 和 1 个 Tflops（关于 10^9 称"吉"、10^{12} 称"太"、10^{15} 称"拍"，我们已经在第一章末尾介绍大数和小数时讲过，见表 1.1）。每秒浮点运算的多少与所用软件和课题有密切关系。至于比较主存大小，目前更多采用字节（Byte，又称位组）而不是以字作单位。这是因为各类机器的字长差别很大，而且更多机器是按字节来组织存储的。一个字节通常是二进制 8 位（bit）。每 1024 字节记为 1KB，每 1024KB 记为 1MB（1 兆字节），每 1024MB 记为 1GB，每 1024GB 记为 1TB，每 1024TB 记为 1PB，等等。

下面我们就根据速度和容量这两个指标，简单回顾一下并行计算机出现以前某些著名"单机"的大小变迁。

从现代电子计算机的鼻祖 ENIAC 和 UNIVAC，到首先实现百万次浮点运算的 CDC6600 和后来的 CDC7600，以及 IBM360 和 370 系列，都是单机运行的设备，只有个别型号配有双 CPU。它们都是当时的超级计算机，只能配备在大国的国家级单位里。其实，这些巨型计算机的处理能力根本赶不上现在的一块微处理器芯片。

以 DEC 公司的 VAX11/780 为代表的中型计算机，大致从 1978 年以后配置在许多大学和研究机构，在美国培养了一代学会使用电子计算机的物理工作者，极大地促进了计算机的普及和推广。然而，计算机走入较小的研究和事业单位甚至家庭，要归功于 IBM 公司的个人计算机战略。

IBM 公司 1981 年推出"个人计算机"，从 PC 经过 PC/XT，到 1984 年发展为基于英特尔 80286 微处理器的 PC/AT。后者的指令执行速度是 0.95～1.5MIPS，配上浮点运算芯片后，浮点速度可以接近 0.1Mflops。它的主存基本配置是 256KB，最大可以扩充到 640KB。这些 20 世纪 80 年代的微机，数据处理能力比 50 年代的巨机要大许多倍。对于用惯了 16KB、64KB 主存的程序员们，640KB 是超乎想象的宽裕。以至 IBM 起初把 640KB 定为主存容量上限时，竟然没有什么反对意见。然而后来不得不花很大力气去突破这一限制。

有一件值得称道的大事，就是 IBM 公司对于个人计算机的发展采取了结构公开的策略。这使得任何人都可以制造兼容的软、硬件甚至兼容的计算机，迅速形成了个人计算机市场。相比之下，有的在同一档次计算机方面实力曾经很雄厚的企业，采取了封闭的发展方针。像打印机这样的外部设备，都必须使用"内码"一致的本公司产品，给用户造成了诸多不便。这样的企业最终被淘汰出局，实属自然。

2004 年年底我国的联想公司收购了 IBM 在全球的个人计算机业务。个人计算机的市场规模近几年不断缩小。从本章稍后的叙述可以看到，IBM 在超级计算机市场上仍然占据着举足轻重的份额。

20 世纪 80 年代中期之后，UNIX 工作站概念曾经风靡一时。那是比个人计算机强得多的超级小型机，当时曾标榜达到 3 个甚至 6 个 M 的指标，即 1 个 MIPS 的指令速度、1MB 主存、1M 像素的显示屏幕、通过"鼠标器"（又是 M 即 Mouse）与屏幕发生交互作用、用 1M 波特的传输速率连到网络上、配上存储管理单元（MMU）把可以访问的地址空间扩充到与大型机相比。IBM 的 RISC6000 系列、Sun 公司的 Sparc 系列、SGI 的图形工作站，以及 DEC 的 alpha 工作站等都曾是广为流行的机器。然而，个人计算机和工作站的时钟拍节和主存储器很快都发展到以 G（Giga）为计量单位。作为服务器的高端个人计算机赶上普通工作站。过了没有多久，连高档的笔记本计算机也宣称自己是"移动"工作站了。

作者郝柏林和他使用的笔记本计算机

我国在相当长一段时期里，研制计算机的水平与国外虽有差距，但自强不息，步步紧追。前面第二章末尾曾经提到 1958 年我国研制的第一台 104 电子管计算机。104 机与当时国际上同类机器相比，也属于巨型机之列。按现在的通用单位计量，它的主存不足十万分之一 GB，速度只有一亿分之一个 Tflops。

从 20 世纪 60 年代后期到 20 世纪 80 年代初，中国科学院研制的基于晶体管的 109 乙和 109 丙机，以及后来的 113 和 119 机，还有我国第一台具有百万次浮点计算能力的 655 机，都对包括"两弹一星"的国防事业和国民经济的发展起过巨大的推动作用。1960 年 9 月 6 日物理研究所的半导体室独立为半导体研究所。为 109 机研制器件的 109 工厂就诞生在物理研究所，它最终发展成中国科学院的微电子研究所。研究航天弹载计算机的 156 工程处也从物理研究所和计算技术研究所起步，发展成后来的骊山微电子研究所。

不仅是为"两弹一星"直接建立功勋的物理学家们，我国物理学对国防建设和国民经济发展也是多有贡献。这是符合当时的国情和时代要求的。在工业和国防部门研究力量已经成长起来的今天，物理学自然应当以探索未知的基础研究为己任，而不能为眼下短期的需求所累。

中国科学院在发展我国计算机事业上并不是一枝独秀。我国的电子工业部门对于计算机的发展做出过巨大贡献。例如，国产的DJS121 计算机曾经装备了许多工业研究和设计单位。与IBM360/370 兼容的 DJS200 系列，一直走进了 20 世纪 80 年代。DJS260 机曾经登上我国火箭发射的远洋监测舰船。笔者曾参与研发的 DJS130 系列则与国外的 NOVA 小型机兼容，生产过千台以上，装备过郑州铁路局的调度系统。我国国防科研部门不仅是国产计算机的庞大用户，而且也是研制巨型计算机的主力军之一。我们期待着诵读这一部英雄史诗。

话说回来，单纯以中央处理器速度和主存储器容量为指标，比较电子计算机的能力，仍然没有摆脱过去以科学计算为主的思维局限。包括声频和视频资料在内的海量数据的存储和交换变得越来越重要。海量数据的吞吐能力对总线的结构和性能提出新的要求。我们在后面讨论如何围绕总线组织超级计算机时再回到这个问题。

为了评估计算机进行科学计算的能力，从 20 世纪 70 年代末开始使用标准的线性代数软件包 Linpack 在 64 位精度下求解非稀疏的线性方程组。从 N 阶的线性代数方程组所用计算时间，以及根据总操作数应包含

$$\frac{2}{3}N^3 + 2N^2$$

次加法和乘法，估计出浮点运算速度。常用的有 $N = 100$ 和 $N = 1000$ 两种方案。表 4.1 给出几种型号的计算机在单处理器情形下求解 $N = 100$ 方程组时所表现出的浮点运算速度，以 Mflops 计。表中 R_{max} 是执行 Linpack 时的最大浮点速度，R_{peak} 是理论上的峰值速度，"效

率"是两者的比值。

表 4.1　单处理器计算机的运行比较

计算机	R_{max} Cflops	R_{peak} Gflops	效率（%）
英特尔奔腾 4（2.8GHz）	1.371	5.6	23.5
英特尔奔腾 4（3.0GHz）	1.414	6.12	23.1
英特尔奔腾 4（3.06GHz）	1.571	6	26.1
英特尔奔腾 Nacona（3.6GHz）	2.177	16	13.6
Cray SV - 1	0.935	2	46.7
IBM pSeries 690	1.462	6.8	21.5
NEC SX - 8（2GHz）	2.177	16	13.6

　　表中最后三行属于后面要介绍的向量计算机。它们在正常情况下是多处理器运行的，这里只给出单处理器的测试结果。从表 4.1 看出，单处理器的实际运行速度都在 1Gflops 附近，它们的处理能力都已接近当前工艺的限度。再往前就进入了所谓"超级计算机"的领域。

　　并行系统的总处理能力绝不等于单处理机能力乘以处理单元的数目。这是因为随着系统增大，消息传递的开销也不断增加，最终达到饱和，再增加处理器也不会改善总体性能。实际运算的平均速度总是低于理论峰值的。

　　顺便讲一件小事。安装调试计算机时，用什么程序来"考机"也曾是一个问题。一般的小题目根本难不倒大机器。随意加大计算规模，白白浪费计算时间，不如让这样的机器去从事探索未知的有益劳动，例如，去发现新的素数。

　　素数是除去 1 和自己以外，没有其他因子的整数。有一类素数可以表示成 $2^p - 1$，其中 p 也是一个素数，但并不是每个这种形式的数都是素数。这类素数在数论中特称为梅森数，以纪念首先注意到它们的法国和尚梅森。1974 年 4 月用 CRAY1 发现了第 27 个梅森数 $2^{44\,497} - 1$，它有十进制 13 395 位。1985 年一家地质勘探公司调试 CRAY XMP 时发现了第 30 个梅森数，它的 $p = 216\,091$，印出来有十进制 65 050 位，在这本书里要占十多页。为了找到这个数，在 3 小时内进行了约 5000 亿次运算。这些数都是当时所知的最大素数。

单个巨型机的能力日益强大，个人计算机日益普及。全球计算机网络化成为时代潮流。网络思想又回到计算机里面，成为新一代超级计算机的骨架。网络甚至要缩小到芯片里，形成"多核心"的下一代微处理器。我们在下一小节里，先介绍物理学工作者如何促成了国际计算机网络的发展。

从单机到网络

前面几节里，我们一般地参观了单个的电子计算机大厦。还从侧面欣赏了一些建筑物的外观：从早期的巨型机到后来的比那些巨型机还大的个人计算机。其实，越来越多的计算机正在连接成网络，每台机器只不过是网络的一个结点。

首先要区分局域网（LAN，这是 Local Area Network 的缩写）和大范围网络（WAN）。一处校园或一座实验大楼里面的大、中、小型计算机可以同时接在局部的内联网（Intranet）和通向全球的互联网（Internet）上。

联网时必然要遇到信息传输方式、传送速率和有关交换信息的各种协议。传送速率以每秒传送的二进制位数作为单位。在早期低速电报的时代，这个单位称为波特，现在通用的叫法是"每秒位数"（bps）和更大的"每秒千位数"（Kbps）、"每秒百万位数"（Mbps）、"每秒十亿位数"（Gbps）等。如果用每秒传送的字节计数，还要再除以 8（对于异步通信实际上要除以 10）。

20世纪70年代初贝尔电话公司为了适应计算机通信和电话交换计算机化的需要，曾经改造了北美三国的电话网。现在全世界的主要电话网都已经适应计算机网络的要求。目前使用普通电话线路的可靠传送速度可达 56Kbps 以上，租用专线时可以更高。利用电话线交换信息时，先要把数字信号调制到一个高频载波上，到达接收点再解调出来，线路两头各要用一个调制解调器（英文里由调制和解

调二字压缩出一个新字 modem）。数字信息也可以调制到电视信号
上，随电缆或光缆传送到用户。

讨论信号传送速率时经常用到"频带宽度"或简称"带宽"的
概念。我们在这里做一点解释。二进制信号是一些 0 和 1，即一批前
后相继的"方波"。对信号做频谱分析，即把它展开成傅里叶级数，
可以看出方波由从低频到高频的无穷多种正弦波组成。实际线路上
用的信号都有一定的频率上限。接收到的失去了高频成分的信号只
能是失真的方波。有许多技术方法来保证尽可能正确地恢复原来的
数字信号，我们不关心细节，只做极为粗略的定性讨论。假定使用
频率为 1 的正弦波，每秒钟有正负半周各一次，可以说传送了 1 和 0
各一次，即传送速率为 2 波特。于是，在这种最理想的情形下，所
传送的波特数是频率的 2 倍。这是传送速率的理论上限，也就是理
论带宽。实际带宽能达到理论值的一个分数就不错了。带宽概念不
仅用于传输线路。例如，存储器的访问速度可以由时钟频率乘以数
据线位数得到。

局域网中最常见的一种叫"以太网"，最初是生产复制机著称
的 Xerox 公司的实验室建议的。其实，个人计算机的想法最早也是
在 Xerox 公司提出，后来才在"苹果"和 IBM 公司遍地开花。

美国"国防先进研究计划署"（简称 DARPA）从 1969 年开始
资助建立 APRANET 网，连接重要的国家实验室和从事国防研究的
企业实验室。1974 年负责资助基础研究的美国国家科学基金会（简
称 NSF）建议了一个计算机科学网 CSNET，它在 1986 年实现自给
自足的运转。IBM 公司向科学和教育界的用户奉献了一个 BITNET，
它除了低廉的安装和租用线路费用，并不收取运行费。到 1985 年年
底为止，BITNET 已经有 600 多个节点，连接 175 所大学，并且远远
延伸到欧洲。美国能源部为了支持磁约束核聚变研究，搞了一个
MFENET，它主要连接一批超级计算机。然而，随着通信技术和计
算机技术的一体化，网络的硬件构成不再是问题，任何计算机都可

以通过通信部门的服务接到互联网上。网络上的诸多计算机，软硬件各不相同，用户的需求五花八门，通信协议成为关键。解决这个问题的方案又来自物理实验室。

欧洲联合核研究中心的科学家最早建议以"超文本格式"为基础，建立网络上信息交换的协议，实现万维网，即现在司空见惯的WWW（World Wide Web 的缩写）。不论何种信息、文件、音乐、电影，只要用"超文本标记语言"（HyperText Makeup Language，HTML）包装起来，就可以在网络上按照"超文本传输协议"（HyperText Transfer Protocol，HTTP）进行交换。这时最重要的是接受端必须备有可以阅读超文本文件的浏览器。发展到今天，浏览器已经是任何操作系统的组成部分。对于许多不做科学计算的用户，浏览器就是他们的计算机，会用浏览器等于会用计算机。

万维网

每一台联在网络上的设备有一个唯一的互联网地址，称为 IP 地址。每个地址有一定的资源如收存或提供文件、提供计算能力、备有可以访问的数据库和知识库等（商业信息不是这本小册子的关心对象）。每处资源有一个统一标识符，简称为 URL。URL 由两部分组成：前面是 http、ftp、telnet、mailto、news 这些专用字之一，后面跟着一个 IP 地址。http 表示按超文本传输协议访问文件，ftp 表示按文件传送协议取送文件，telnet 表示登录到远程计算机，mailto 表示电子邮件，news 表示新闻组，等等。在计算机联成全球网络的时代，许多信息资源成为"网络透明"的对象。用户只在自己的浏览器里填上相应资源的 URL，就可以立即去访问。例如，用 http: //www.itp.ac.cn/~hao/就可以访问本书作者之一的个人网页。

前面提到过网络程序设计。粗略地说，这里也有两个层次。对于多数用户，能够明白怎样把一定的资源用 HTML 包装起来或者直接放到允许其他人通过浏览器访问的位置，就已经很不错了。在更低的层次，其实还是个多重包装和解包的问题。从 UNIX 操作系统处理进程之间文件传送形成的 SOCKET 概念至今没有合适的译名，我们称之为"配插"。配插涉及操作系统提供的若干函数和许多协议的技术细节，其基本精神却十分简单。我们先点几个常见协议的名字：传输控制协议（Transmission Control Protocol，简称 TCP）、互联网协议（Internet Protocol，简称 IP）、文件传送协议（File Transfer Protocol，简称 FTP）。发送方把数据包装起来，也就是加上"头"文字说明（偶有"尾"说明）：

送上互联网，再按相反的顺序依次解包传送，直到目的地。配插命令可以用 C、Java 等各种语言编写，只须正确填写系统函数所要求的参数。这就是网络程序设计的要旨。

中国计算机网络起步较晚，但发展甚速。20 世纪 80 年代末，中国科学院高能物理研究所因为加速器建设和数据交换，同欧洲联合核研究中心和美国斯坦福大学线性加速器中心建立了基于专线的网络联系，为少数科学界用户开通了电子邮件服务。世界银行的贷款项目支持建设的连接北京大学、清华大学和中关村地区科学院各研究所的教育与科研示范网络在 1994 年年底建成运行。从 1997 年底开始，我国互联网信息中心 CNNIC①每年发表两次互联网发展状况统计报告。我们特地在表 4.2 中列举了历年我国互联网国际出口总带宽的变化。可见在 18 年里，总带宽增加了近 4 万倍。然而必须指出，我国的上网速度仍然排在全球第 90 位之后，网络质量仍然有很大的改进空间。

表 4.2　中国互联网国际出口总带宽

年份	总带宽（Mbps）
1997 年 10 月	25
1998	143
1999	351
2000	2 799
2001	7 598
2002	9 380
2003	27 716
2004	74 419
2005	136 106
2006	256 696
2007	368 927
2008	640 287
2009	866 367
2010	1 098 957
2011	1 389 529
2012	1 899 792
2013	3 406 829
2014	4 118 663
2015	5 392 116

注：未注明月份的年份以 12 月底为准。

　　网络把众多的分散在各地的计算机资源联系在一起。每时每刻全球各地有许许多多闲置未用的计算机资源，可以设法把这些机器联在一起，形成一股巨大的计算能力。这就是计算机"网格"思想的核心。网格可以说是穷人们拼凑的超级计算机，对于某些类型的计算可以发挥作用，但能力并不如有些宣传所鼓吹的那样广泛强大，

① 参看网址：http://www.cnnic.net.cn。

也不能取代专门的超级计算机。顺便说一下，网格概念又是由欧洲联合核研究中心的理论物理学家们首先建议的。

有了互联网，上一节提到的搜索梅森数也不再是巨型计算机的专利。1996 年 1 月有人发起了一个"蚂蚁啃骨头"的计划，号召志愿者用个人计算机的剩余能力，在互联网支持下寻找新的梅森数。现在全球至少有 20 万台个人计算机参与这个缩写为 GIMPS 的计划。这个比具体的计算网格还要松散的组织，创造了不菲的成绩。1999 年发现了第 38 个梅森数，它是第一个超过一百万位的梅森数，发现者因此得到了 5 万美元奖金。到目前为止，GIMPS 计划共发现了 14 个新的梅森数。2016 年 1 月 21 日发现第 49 个梅森数，$p = 74\,207\,281$。这是一个有 2 200 多万位的十进制数，但是目前还未证明在它前面没有被漏掉的梅森数。正是国际互联网的长足进步，使得只拥有一台普通个人计算机的大学生也能参与 GIMPS 计划。

并行计算的兴起

只要看一下在视觉问题上，人与大自然有多大差距，就可以明白并行计算的必要性和有效性。大自然使用比人造芯片慢成千上万倍的基本元件——神经元，造出了效率高得多的图像处理系统——高等动物的视觉。动物神经网络中信号的产生和传递，要用几十毫秒或更长的时间，而人造电子元件的开关时间早就以纳秒计。但具有人工视觉的机器人，在复杂地形上驾驶电子车，每走一步要"看"和"想"几秒钟。必须把处理效率提高上百万倍，"电脑"才能与人脑的效率相比。差别何在呢？就在于大自然采用并行算法，从整体上识别图像，而人类仍在冯·诺伊曼计算机上逐点地扫描和比较。

一幅图像可以分解为数百万"像素"。计算机把像素逐个取来，判别其强度或颜色特性，再逐步重建整体特征。每一个点的处理过程不一定很复杂，但数据的取送要占用相当长时间。如果把邻近的 10 个像素交给一个处理单元去计算，各个单元之间再交换和形成信息，效率自然就会大为提高。大规模集成电路的进步，使得 20 世纪中叶一人高的中央处理机柜缩进了比指甲更小的芯片，而且价格日益便宜。这就有可能使用大量处理器，构成大规模的并行处理系统，向大自然挑战了。事实上，又是物理学家们在这里带头，动手研制自用的并行系统。

物理学家们面临的问题，首先就是第六章里还要再提到的格点规范场。1982 年获得物理学诺贝尔奖的威尔逊在 1973 年提出了格点规范场的想法。他建议把连续的四维时空中的规范场放在离散的晶格点阵上，以便进行数值模拟。威尔逊极力鼓吹为此建造并行的超级计算机。美国圣·巴巴拉理论物理研究所在 1980 年实现了一台"伊辛模型计算机"（我们在第七章里再介绍伊辛模型）。这是一台专用的并行计算机，它用硬件来实现每边有 64 个小磁矩（"自旋"）的立方磁体，随机产生自旋的各种取向，使用随机采样方法（见第七章）来计算这块磁体的性质。这样一台专用机的造价，只相当于在当时的 CDC7600 大型机上作 12 小时计算的费用，但它在 12 小时里产生的自旋位形，却够 CDC7600 算 50～60 年。

从 20 世纪 80 年代开始，国际上从事粒子物理研究的几个集体就自己动手研制并行计算机，做格点规范场计算。这类机器的结构同物理时空有直接对应，计算本身也很自然地并行。美国哥伦比亚大学李政道的研究室就曾在研制并行的格点规范计算机方面几度领先，在计算机界受到承认。意大利罗马大学的青年理论物理学家帕里希也领导了另一台并行系统的研制。人们看到了物理学发展史上的新现象：理论物理学家们动手建立实验室，往印制电路板上插集成电路芯片、连接总线和外部设备。本书作者也曾在李政道先生促进下同中国科学院计算技术研究所合作，研制过专门用于计算格点上偶合的非线性映射的并行计算机[1]。

---

[1] 参看：杨维明，时空混沌和偶合映象格子，上海科技教育出版社，1994。

第一批并行机的经验，就表明它们在设计思想上有广泛的选择余地。如果说，冯·诺伊曼的由中央指令流控制的、串行处理的单台计算机基本上只有一种实现方式，那么，即使停留在冯·诺伊曼的框架之内，并行计算机的结构也有很多花样。从处理器的数量看，存在两种极端情况和不同的中间方案。或是选取大量功能单调的处理器；或是每个处理器都比较完备而且自带存储器，但它们的总数较少。

目前所有的超级计算机几乎都是"向量""阵列"或"集群"计算机。向量计算机是最简单的并行机，它用一系列处理单元，同时处理若干个分量。例如 A 和 B 是两个 128 维向量，α 是一个标量，在向量机上运算 αA 就是 128 个分量同时乘上 α，而 $A + B$ 就是 128 对分量各自相加。这些是与一般向量运算的定义一致的。但是，在向量机上 $A * B$ 代表 128 对分量各自相乘，这是计算两个向量的"标量积"的第一步，但不做求和。只有用户自己将问题向量化，才能充分发挥向量计算机的潜力。如果只编写了"标量"程序，虽然向量计算机的编译程序具有一定的"向量识别"功能，但往往还不能完全利用其运算能力。

向量计算机的整体结构示意见图 4.3。它同第二章图 2.9 所示的冯·诺伊曼"标量"计算机结构的差别仅仅在于用多个处理器代替了单一的中央处理器。这是共享主存储器的计算机。为简明起见，图 4.3 中省略了挂在总线上的输入输出设备。后面的几幅并行计算机结构示意图中也没有画输入输出设备。

图 4.3 向量计算机结构示意图

20 世纪 80 年代向量计算机曾经风行一时。美国的 Gray XMP 和 YMP、日本的 NEC SX2、中国科学院计算技术研究所的 757 机、国防科技大学的银河一号和二号，都是向量机。

　　越出向量机的框架，处理器与存储器的关系可以有很多种方案：共享内存、每个处理器独享的缓冲内存、既独享又共享的分布内存，等等。图 4.4 给出共享内存并行计算机的结构示意图，它的每个处理器带有自己的缓冲存储器，这些"缓存"当然不只是与共享主存交换数据前后的缓冲之用，也可以是每个处理器自带的主存。

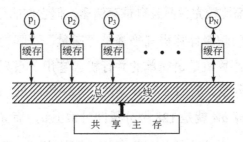

图 4.4　共享内存并行计算机

　　图 4.5 是分布内存/分布共享内存并行计算机的示意。分布内存和分布共享内存两者的差别，在于数据流的组织方式，在这样的简单示意图里表示不出来。不过，我们有意地把"总线"改写成"系统网络"。事实上，图中的每个处理器和它的存储器可以是若干处理器构成的结点。还可以往系统网络上挂共享的海量存储器等。这样的并行计算机结构同多台计算机联成的网络有许多共同之处。

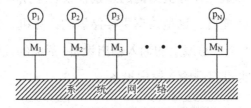

图 4.5　分布内存/分布共享内存并行计算机

　　继向量计算机之后流行起来的是基于分布内存的大规模并行处理系统（Massively Parallel Processors，简称 MPP）。MPP 兴起的重要原因之一，是它们大量使用既普通又便宜的个人计算机式的处理器，把它们在一座机房内连接成网，做到远优于专用向量机的性能

价格比。IBM 公司的 SP2、英特尔的 Paragon、Cray 公司的 T3D/T3E
（顺便提一下，世界上第一台 Cray T3E 在运行 8 年后已经于 2004
年 9 月退役）、我国的曙光 2000 和 3000 等计算机，都是 MPP 机器。

真正的并行计算要求在各个处理单元之间经常传递消息。1993
年形成的消息传递界面 MPI（Message Passing Interface）的标准，
对于 MPP 的发展起了巨大的推动作用。MPI 是一套消息传递的模
型和标准，它有几种基于 UNIX/Linux 的实现，例如 MPICH、CHIMP
等，均可从互联网自由下载。MPI 不是语言，而是一套可以从
FORTRAN、C、C++等语言中调用的函数库。另一套把网络上一批
计算机连接成超级计算机的公开软件叫 PVM（Parallel Virtual
Machine，即并行虚拟机），它更适应各个单元计算机类型不同的情
况。不过，目前似有 MPI 逐渐取代 PVM 的趋势。

运行 MPI 的并行计算机的结构逐步集中到用某种内部网络组织
起来的"阵列"或"集群"。这里应当特别提到贝奥伍尔夫集群系
统。贝奥伍尔夫是大约创作于公元 8 世纪的英国古诗的标题，也是
诗中来自北欧的一位英雄的名字。其实，贝奥伍尔夫集群机，就是
以市面上廉价的处理器和免费的 Linux、MPI 等软件组织起来的性能
价格比很高的并行计算机系统，是"穷人"的超级计算机。这一方
案的身体力行者们，用古代英雄命名自己的组织[①]和机器。这一组织
直到 2016 年还存在着。不过，集群机并不是真正的超级计算机。

从网络到超级计算机

网络发展的最重要的后果之一，是它又进入计算机里面，成为
组织超级计算机的核心技术。我们要再回顾一下从总线到网络的发
展历史。

冯·诺伊曼计算机的基本结构是把中央处理器、存储器、各个

---

① 参看网址：http://Beowulf.org/。

外部设备，都挂到一条或几条总线上。总线上数据传送的速度和调度，成为提高速度的主要限制之一。我们已经提到过这个冯·诺伊曼瓶颈问题。最早期的中央处理器和每个外部设备之间是专用的串行的数据和信号传输线，在设计阶段就必须规定设备的种类和数量。

共享并行总线曾经是一大进步。总线由数据线、控制信号线和设备代码线组成。所有的设备都使用同样的数据线和控制信号线，但是每台设备有自己独特的代码。中央处理器和某个设备之间要传送数据时，必须把设备代码送到代码线上。只有代码符合的设备才能与数据线接通，实现数据交换。共享总线有很大的灵活度，只要设备总数不超过代码位数所允许的最大值，可以相当任意地增加或删除设备。然而，设备数目和数据量较大时，冯·诺伊曼瓶颈就要表现出来。

当单机的总线发展成超级计算机的内部网络时，问题就更为突出。例如，原有的以太网只有 10～100Mbps 带宽，不能满足集群计算机内部联接的要求。1998 年 6 月提出的吉位以太网（Gigabit Ethernet，简称 GbE）标准把带宽提高 10 倍，马上就被一些集群机采纳为内部网络。最初以为 GbE 必须使用光纤连接，不过实际上改进的双扭线工艺仍足以胜任。40 GbE 和 100 GbE 先后在 2010 年和 2014 年有了标准，200 GbE 和 400 GbE 则是当前努力的目标。不过，要实现太位以太网（Terabit Ethernet，简称 TbE），必须发展全新的技术，现在看来那将是 2020 年以后的事情了。有些专门为超级计算机而发展出来的网络技术，例如最初由几家厂商制定的 Infiniband，现在已经成为以太网的强势竞争者。在 Infiniband 技术中，共享的并行数据线又改成独占的点对点的串行线，但是所有的线都通到一个开关阵列上，只在传送数据时把大量点对接通。

现在我们可以介绍一下国内外超级计算机的发展状况了。从

1993 年开始，国际上每年发布两次全球超级计算机 500 强的名单①。
2002 年以前中国没有申报过 500 强。2010 年国防科技大学研制、配
置在天津国家超算中心的天河一号计算机登上了 500 强榜首。但是
它只保持了一届冠军，就被美国和日本的机器赶超。然而，从 2013
年开始，国防科技大学研制，配置在广州国家超算中心的天河二号
超级计算机连续 6 届雄踞 500 强榜首。在 2016 年 6 月 20 日发布的
第 47 次 500 强名单中，天河二号退居第二，把冠军让给了由国家并
行计算机工程技术研究中心研制、设置在国家超级计算无锡中心的
神威太湖之光超级计算机。这届 500 强的前 5 名列举在表 4.3 里。表
中 R_{max} 是执行 Linpack 时的最高浮点速度，R_{peak} 是理论上的峰值速度。

表 4.3　超级计算机世界前 5 强（2016 年 6 月）

名次	地点	系统	核数	处理器	R_{max}(Tflops)	R_{peak}(Tflops)
1	中国	神威太湖之光	10 649 600	SW26010	93 104.6	125 435.9
2	中国	天河二号	3 120 000	Intel Xeon	33 826.7	54 902.4
3	美国	泰坦 Cray XK7	560 640	Opteron 6274	17 590.0	27 112.5
4	美国	蓝基因/Q	1 572 864	Power BQC	17 173.2	20 132.7
5	日本	K 计算机	705 024	SPARC64 VIIIfx	10 510.0	11 280.4

我们对这个最新的 500 强名单再做一些讨论。首先，中国不仅
夺得第一、二名，而且在 500 强总数中达到 167 台，首次超过美国
的 165 台。其次，曾经 6 次连居榜首的"天河二号"超级计算机，
大量使用来自 Intel 的芯片，只有部分元件属于国产。2015 年 5 月美
国商务部宣布禁止向中国出口 Intel 高端芯片，天河系列难于在原有
框架内继续扩充和更新。太湖之光超级计算机则是使用我国拥有自
主知识产权的申威 SW26010 处理器，突破了美国的禁运限制。然而，
我们应当清醒地认识到，从"拥有自主产权"到"完全中国制造"
还有很长的奋斗道路。

在讨论超级计算机时，常常用到"处理器""核"和"结点"
这些概念。处理器是单个芯片；核是芯片上接受和实现指令的基本

① 参看网址：http://www.top500.org。

处理单元；结点是由一个或多个直接共享存储资源的处理器组成的超级计算机的一个部分。

上海江南计算所提供的 SW26010 处理器芯片，是在 2010 年用于神威蓝光超级计算机的 SW1600 处理器基础上的重大改进。由于没有公开发表的详尽资料，网上有猜测说它基于 28 纳米工艺，仍然同 Intel 的 14 纳米工艺有差距，但是因为采用了更为密集的元件布局，在整体性能上超过了 Intel 的高端处理器。每片 SW26010 处理器有 4 个"核组"，每个核组有 1 个管理单元、64 个计算单元即原来意义的"核"，因此每个核组有 65 个核，每个处理器芯片有 260 个核。它还配有 8G 内存，通过芯片内的网络互相连接。整个太湖之星有 40 960 个 SW26010 处理，即 40960*260 = 10 469 600 个核，这最后一个数字出现在表 4.3 里。

从硅提纯，制备和切割大尺寸硅单晶棒，到多层硅平面工艺的设计和实现，每一个环节上都有专门的技术、设备、知识和软件。虽然拥有自主知识产权，但是整个研发和生产链条上的关键技术和设备并不完全在我们自己掌控之中。广而言之，现代技术和生活所必需的各种档次的半导体芯片，仍然是我国工业的"短板"。我国目前所需各种芯片 80%依靠进口，每年用于购买芯片的外汇支出，已经超过进口石油。我们的超级计算机研制确实取得了长足进步，然而从长远看，要从战略上保证国家安全，还必须在从基础研究到精尖工艺的各个方面继续努力。特别要克服科学技术管理的急功近利思想，保证长期稳定的基础研究环境，才能"于无声处听惊雷"，推出真正原创的材料、元件和设计思想，使我国工业技术达到国际领先的境地。

超级计算机使用的网络连接方案，近几年也在竞争中发生了极大变化。2016 年 6 月公布的 500 强中，普通的 GbE 濒临消失，但仍然有 171 台在使用 10GbE，不过使用 Infiniband 者已经达到 204 台，包括神威太湖之光和神威蓝光。发展新的低延迟、高带宽的网络连接技术仍然是需要研制者各显神通的领域。

500 强排名基于前面介绍过的 LINPACK 测试。因此它主要反映并行系统在科学计算方面的能力。实际上，比较超级计算机的性能，还有许多其他应当考虑的因素。例如，每实现 1 个 Mflops 所需的能量消耗。因此，在 2007 年就有人建议了"绿色 500 强"的排名指标。不过，目前绿色 500 强中排名靠前的系统都还不是超级 500 强中的佼佼者。

表 4.3 中排名第 4 的是 IBM 公司"蓝基因"计算机的改进型。蓝色是 IBM 公司的颜色。早在 1997 年 IBM 就曾经研制了一台名为"深蓝"的专门下国际象棋的计算机，并且战胜了当时的世界冠军卡斯帕洛夫。2000 年 IBM 提出了"蓝基因"计划，要制造一台具有 100 万个处理器的并行机，以期在 24 小时内模拟"折叠"一条现实的蛋白质序列。2005 年排在 500 强之首的只是一个计算能力约为 1/10 的"蓝基因"样机。其实，这台样机的安装地点并不是大学的生物系，而是美国能源部的国家实验室。

"蓝基因"的整体构想与物理学有着历史渊源。我们在上一小节里讲到过，哥伦比亚大学李政道研究室在 20 世纪 80 年代自己动手研制并行计算机。事隔 20 年，格点规范并行机的思想在"蓝基因"上仍有所反映，李政道研究室所培养的人才也有人继续参与"蓝基因"的研制。

我国现有的 6 个国家超算中心所配备的机器，都名列 2016 年的 500 强，见表 4.4。这个表中还特地给出了它们的功耗。天河超级计算机的能耗相当巨大。粗略地说，它的研制费用约为 1 亿美元，而运行耗电每年约 1 亿人民币。太湖之光的功能比天河强了三倍，但功耗反而更低，这是很大的进步。在我国曾经发生过为节约电费而关闭超算机房的情况。这也反映出我国科技管理体制中长期没有解决好的问题，即大大方方地投资基本建设和设备研制，而不能保证设备建成后的经常运行费用。更有甚者，有些管理部门还要求超算机房靠收取机时费用来收回"成本"。须知对超级计算机成本的回报，来自它所获得的计算结果最终发挥的效用。必须在国家尺度上算大账，而不能在一个计算机房、少数计算课题的范围内计较"效益"。

表 4.4　中国的国家超级计算中心

地点	计算机	核数 N	功耗（kW）	2016 年 6 月 500 强排名
无锡	神威太湖之光	10 649 600	15 371	1
广州	天河 2 号	3 120 000	17 808	2
天津	天河 1 号	186 368	4 040	32
深圳	曙光 TC3600	120 640	2 580	67
济南	神威蓝光	137 200	1 074	120
长沙	天河 1 号	53 248	1 155	125

为了鼓励在超级计算机上解决重大课题，美国计算机协会 ACM 在 1987 年设立了一个戈登贝尔(Gorden Bell)奖，它实际上成了超级计算成果的国际大奖。20 世纪 90 年代初，日本在超级计算机 500 强中曾几度夺冠，那时也曾经获得几次戈登贝尔奖。我国超级计算机虽然已经在 500 强中 7 连冠，至今还没有获得过这个奖项。这反映出我们在超级计算机应用方面的差距。好在 2016 年度的戈登贝尔奖提名，有 3 项来自中国。看来中国获此奖项的日子当为时不远[①]。

2016 年 3 月，谷歌下属的一家名为 DeepMind 的公司研制的下围棋计算机 AlphaGO 以 4 比 1 的成绩战胜了韩国的围棋九段李世石。这是继 1997 年 IBM 的"深蓝"计算机战胜俄国的国际象棋大师卡斯帕洛夫之后，人工智能发展的又一个里程碑。广而言之，谷歌搜索代表着大数据时代计算技术发展的另一条战略路线。它完全不同于用 LINPACK 速度衡量的传统科学计算。从算法上讲，大数据反映着错综复杂的关系，这些关系往往可以用图论中的"有向图"表示；搜索算法的效率表现为单位时间内所搜索过的有向图的边数。已经

[①] 2016 年 11 月 17 日由中国科学院软件研究所杨超等人的"千万核可扩展全球大气动力学全隐式模拟"获得戈登贝尔奖。——校阅时注

有人建议按有向图边的搜索效率排序的 Graph500 强评比。我国的神
威太湖之光，居然在最近的 Graph500 排名中位居第二，真是难能可
贵、可喜可贺！

　　在结束本章之前，想从超级计算机的研制现状谈一谈我国计算
机事业的喜与忧。毕竟我国物理学工作者曾经在研制两弹一星的英
雄年代，不仅使用过而且参与研制了我国自己的几代"超级"计算
机。那时从锗和硅的原料提纯，到拉制单晶、制备分立元件或集成
电路，到外部设备和整机的组装，每一个螺丝钉、每一项工艺都是
中国人自己解决，每一方面我们都有自己的专家。那是绝对的串行
作业。一环扣一环，下步等上步；总体协同作战、彼此支援，也有
过局部矛盾和前后抱怨。然而，事业做成了。我们从整体上是安全
的，不会因为封锁禁运而落入更危险的境地。

　　我国改革开放和国际形势的变迁，使我们具备了有利的国际环
境。引进先进技术，提供了并行作业的大好可能性。研究元器件的
人不必等材料过关，研制整机的人不用等元件鉴定，搞软件者也不
必锁定在自己特殊的指令系统上。大家齐头并进、各显神通。整个
建设事业可以大为提速。这当然是大好事。然而，居安必须思危。
某地引入了 12 英寸硅单晶和相应生产线，"结束了我国不能生产某
某电路的历史"，某机跻身于世界 500 强，"摆脱了对我国进口超
级计算机的限制"，在诸如此类的报章宣传之后，是否应当清醒面
对严峻的深层次问题？

　　现在硅原料和多晶硅的国内生产基本停顿，但我们可以买多晶
硅拉单晶切片销售到国际市场；然而，自己研制的大规模集成电路
又有多少基于国产单晶，样品在"报喜"和"鉴定"之后，又有多
少具有国际市场竞争能力并进入规模化生产；整机研制者有几家不
使用进口元件？产品当然仍是"中国制造"。960 万平方公里土地上
已经组织不出来一条从原料到整机的完全的生产流程。

麻婆豆腐的启示

　　有人说，麻婆豆腐专家不必自己生产豆腐。谁家的豆腐好，我就买谁的，只要炒出来的菜好吃就是成功。放在一个几千万人口的中小国家，这样的成绩足以令人骄傲。然而，中国是正在地球上重新崛起的大国，关键产业的独立自主实属性命攸关。在市场经济的时代，任何个人和企业都无法逆潮流而独进。我们不能要求麻婆豆腐店主去发展全国的豆腐生产。这正是社会主义市场经济应当发挥其特有作用的地方。这正是政府的责任所在。科学技术战线的主事者们，其深思之，其警惕之！

第五章
物理学家的好助手

我们在前四章里介绍了电子计算机的发展史，特别是讲述了物理学的研究成果怎样为计算技术的革命提供了物质基础。计算机的使用也大为推动了物理学的进步，物理学家完成了许多从前不可能设想的事业。不仅实验物理和理论物理的研究直接受益于电子计算机，而且出现了新的物理学分支——计算物理学。现代物理学已经发展成鼎立于实验、理论、计算三大支柱上的成熟的基础科学。作为一种广义的物理学，生命科学正在步物理学的后尘，发展出计算生物学的分支。

我们在这一章里着重讨论传统的实验和理论物理，怎样因使用计算机而如虎添翼。下一章再介绍计算机的使用，如何带来了崭新的物理概念，促成了新的物理发现。

物理学的领域如此广阔，我们只能选几个侧面稍作介绍。讨论中还得夹叙一些与计算机有关的知识，例如模数和数模转换，中断处理，接口的标准化，等等。

实验控制和数据采集

我们从普通物理实验室的自动化讲起。物理实验设备有大、中、小型之分。大型设备如加速器、核反应堆、受控热核聚变实验装置等。中型设备如各种光谱仪、波谱仪、质谱仪、电子探针、电子显微镜、X 射线衍射仪，以及把多种设备综合组装到一起的表面物理实验装置等。小型设备如用几台标准仪表对低温杜瓦瓶内的样品进行电磁或热测量。对于各种类型的物理实验，要根据数据量大小、数据处理要求、采样速度、实验周期和连续程度、物理过程本身能否停顿种种因素，确定使用电子计算机实现自动化的总体思想。在进一步分析这个问题之前，先要说明几个概念和术语。

模拟信号和数字信号

许多物理量在实验过程中连续变化，可能在一定范围内任意取值。然而，电子计算机通常只能接收和保存一定精度的数字。另一方面，由于实验的精度有限，采集多余的位数除了浪费外，别无益处。例如，某个电压表的读数在 0~5 伏内变化，而这支表本身只具有 1% 的精度，那么区分 4.31 伏或 4.32 伏就没有意义，更不用说后面的各位小数了。更简单的做法，是把整个量程分成 256 份（这比分成 200 格方便），读出指针在第几格中，即给出从 0 到 255 之间的一个数就成了。通常把连续变化的信号称为模拟信号，而离散取值的信号叫作数字信号。把标准量程内的模拟信号按一定精度转换成数字信号的设备，称为模数转换器（ADC）。上面这个例子中，只要有一个 8 位二进制输出的 ADC 就成了（$2^8 = 256$）。模数转换器除了精度之外，另一个重要指标是采样速度（工作频率或带宽），即每隔多长时间就可以送出一次数字信号。目前 A/D 转换器也多基于 CMOS 集成电路，带有自己的微处理器。如果说工作频率为 10 千周的 8 位 ADC 是很普通的器件，40 兆周 16 位的转换器就比较贵重。

与模数转换相反，有时要把计算机输出的数字信号转换成模拟信号，去控制实验设备的某个部分。这里要用到数模转换器（DAC）。除了精度外，DAC 的重要特征量是它的建立时间，即收到数字输入后在一定精度内建立模拟量输出所需的时间。典型的高速数模转换器可能要用 1 微秒来建立。有些控制部件，如步进电机，直接根据收到的数字信号来决定转角大小，它本身就是一种 D/A 转换器。

除了精度、带宽等参数，选择 ADC 或 DAC 时还有许多必须考虑的指标，例如能耗、工作温度范围，以及下面要讲到的总线接口类型（IEEE1394、PCI、USB）等。这当然都是由实验本身的要求决定。

应当特别指出，本书反复强调的"数字"文明，不仅是数字信号取代模拟信号，而且特指用"0"和"1"两种逻辑状态所代表的二进制数所开创的文明。

中　断　处　理

当一台计算机同时管理着许多外部设备和测量仪器时，这些与主机并行工作的设备在完成一定任务或出现异常情况时，可以向主机发出信号，请求主机中断正在执行的程序来照管一下。中断处理用软硬件结合的方式完成，是现代电子计算机的重要概念，我们再多讲几句。

外部设备都是挂在输入输出总线上的。不管有多少台设备，原则上只要有两个特殊的存储单元，例如第 0 号和第 1 号单元，就可以实现中断处理。当一台设备要求中断时，它先向总线中的"请求中断"线发出信号。中央处理单元在执行指令时，每隔几个拍节就查看一下有没有中断请求。有中断请求，而且主机处在"允许中断"状态时，就由电路中断当前正在执行的程序，把处理完中断之后应当返回的地址送到 1 单元，然后根据事先保存在 0 单元中的入口地址，转到"中断处理程序"（用机器语言说，就是执行一个"间接转移"）。

这时中断处理程序只知道有了中断请求，并不知道请求来自何种设备，于是它首先向总线中的"响应中断"线发出信号。同时提出中断请求的设备可能不只一台，它们从硬件联接上有一个先后次序，在系统的中断处理程序里也有不同的优先级。最先收到响应信号的设备向总线发出自己的"设备代码",中断处理程序根据这个代码转入相应的子程序,为这个设备提供服务。提供服务之前,它可能首先用指令改变其他设备申请中断的资格,例如发"禁止中断"命令来独享中断服务,或者允许某些设备插进来中断自己,这时事先要把"中断返回地址"保存好。我们看到,中断处理可以多层嵌套,它们按照"先进后出"的原则处理。各种设备申请中断的优先权也可以通过软硬两种手段来规定和改变。当最外层的中断处理完毕之后,就根据早先保存好的"中断返回地址",恢复执行原来被中断的程序。

我们在这里只是讲了一个原则,实际的中断处理系统还会添加新的花样。但读者可以体会到这种处理方式的灵活性和通用性。作为对比,可以指出我国某些第二代计算机根本没有通用输出输入总线的概念。设计时就定死了外部设备的种类和数量,为每一台设备留了两个特定地址单元作中断处理。那时要增加一台设备,就必须请厂家到机房里来"改电路"。

上面讲的软硬结合的中断处理,是电子计算机控制和管理外部设备的最重要手段。它不同于完全由软件实现的"程序中断"。程序中断,实际上是向操作系统提出使用系统资源的请求。许多商业操作系统的结构是高度保密的,但它必须为用户提供一批"中断入口",实现用户程序和操作系统的耦合。只作科学计算的用户,通常什么中断也用不到。但为了控制和管理仪器设备,经常要用到程序中断功能。

并行接口和串行接口

各种型号的电子计算机和五花八门的仪器设备相连,必须有标准的"接口"才能插上就用。常见的标准接口名字,已经属于科学技术工作者的常识范围,我们也在这里提一下。如果数据通过几条信号线并行交换,则要选用并行接口,最常见的 IEEE-488 接口实际上通到一条 IEEE-488 总线上，在这条总线上可以挂若干台带 IEEE-488 接口的设备（图 5.1）。由 HP 公司最早发展的 HP-IB 接口总线，被美国电机和电子工程协会 IEEE 采纳为通用接口总线的标准。现在仍在使用的是 1987 年制定的 IEEE-488.2 标准。计算机和设备两方面的 IEEE-488 接口和总线都是平常的选购件。

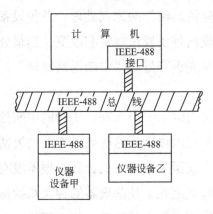

图 5.1　IEEE-488 接口示意图

如果数据是用串行的脉冲在一条线上传送的，则可用较少的信号线（总要有一些控制信号和时标）把计算机和设备连起来。这时可以选用标准的串行接口。常见的 RS232C 标准接口，每个接口上只能挂一种设备。关于这种接口的信号线名字和接插件规格，必须查阅有关手册。应当指出，RS232C 虽然名为标准接口，实际上各厂家的产品常有细小差别，连接前必须仔细核对。

更新更快的串行总线遵从 IEEE 1394 标准，它是从苹果公司的"火线"（Fire Wire）发展出来的。它的传输速率可达 400、800、1600 乃至 32000Mbps，足以传送多媒体数据。它的 6 芯屏蔽电缆带有两条电源线，可以为所接设备提供动力，另外 4 条线是两对分别被屏蔽起来的双纽线。2008 年苹果创始人乔布斯宣布"火线"寿终正寝。2011 年以后它被雷电（Thunderbolt）接口完全取代。

USB 通用串行总线

从 1995 年以后迅速发展起来的 USB 通用串行总线，虽然目前只是一些主要计算机厂家联合制定的标准，还没有成为公认的国际标准，却正在取得对 IEEE 1394 等串行总线的优势。它最初是因为个人计算机的需求而出世的。过去添加设备时先要选取空闲的串口、规定恰当的中断优先级、关机接线，再重新启动计算机。后来人们提出"热插拔"、"随插随用"的设想，而且不希望每一个外接设备都自带电源变压器和导线。于是 USB 应运而生。它的 4 针插头里也有两根电源线，可以为所接设备提供 100 或 500 毫安的电流。现行的 USB 3.0 规范，传输速率为 625Mbps。现在无论桌面还是笔记本计算机都带有 2 个甚至 4 个 USB 接口，其实单个接口上就可能连接至多 127 个设备（例如，采用"菊花链"式的重叠方法）。

USB 接口日益普及的重要原因，是采用它的设备越来越多。鼠标、数码相机、移动磁盘、打印机、扫描仪，都带上了 USB。

PCI 外部设备连接总线

IBM 公司的个人计算机最早使用工业标准总线结构。英特尔公司发展的 PCI 总线在 1991 年标准化。1995 年微软公司的 Windows95 操作系统开始支持 PCI，它逐渐成为局部总线的标准，从带宽 33MHz 的 32 位每秒 133MB 发展到 66MHz、64 位每秒 655MB。后来扩展的 PCI-X 提高到 1Gps，可同吉位以太网等衔接。最近发展的 PCI Express 改为串行、双向、点对点，每路带宽可达 2.5Gps，同 IEEE 1394b、USB 3.0 及超级计算机内部联结网 Infiniband、吉位以太网等均可匹配。

上面介绍的各种接口，多用于小型计算机和少量设备连接。在采集和处理大量数据的实验系统中，要求更完备的标准。我们在下一节里再专门介绍。

大型物理装置一般兼有实验控制和数据采集两种要求。决定实验条件的许多参数，如电流、磁场、真空度、冷却水流量、温度等等，要达到一定范围才能进行实验和测量。因此要对这些参数不断进行巡回检查和闭环控制，并把它们的变化情况自动记录保存。参数调整到预定范围，计算机发出启动信号，开始实验。即使实验本身在 1 毫秒之内完成，往往也要经过许多通道采集大量数据。这里涉及各种采样速度和响应时间的模数与数模转换设备。如果它们的速度过高或过低于计算机系统的基本速度，就应当采用适当的缓冲或中断处理。采集到的数据，要作加工换算、统计分析，并用图表曲线等直观形式显示和记录。这类大型实验往往要用多台中小型计算机组成多层次的控制和处理系统，并且建立通往大型计算机的通道，以便把经过预处理的数据成批地送去分析。后面介绍高能物理实验时，我们要进一步讨论。

与大型实验相反，用一台计算机可以管理多台中小型仪器设备。例如，顺磁共振波谱仪、红外光谱仪、气体色谱分析仪等等，它们对采样速度的要求不同，有的必须在一段时间内连续工作，有的可以间断（如步进式转动光栅在接到机器指令后才改变波长），而在数据处理要求上又有许多共同之处，例如要求计算谱线形状和强度，确定吸收峰中心位置，分辨互相重叠的峰，等等。因此，恰当组织采样和处理程序，可以形成高效率的综合测试系统。随着廉价微处理机的普及，目前趋势是各种实验设备自己带有计算机，然后再通过局部网络或总线连成测试系统。

应当着重指出，物理实验中使用计算机，绝不止于使原有设备自动化，而是开辟了前所未有的新的可能性，实现人工操作无法做到的测量。我们举两个例子。

经典物理学中机械、热、电、声、光各种测量以热测量（如比热）的精度最低。特别是在物质的临界点附近进行测量，由于存在

"临界慢化"现象[1]，往往改变一次温度就要等好几个小时，样品才能重新达到热平衡。一个人是具有几十瓦功率的热源，出入实验室都会影响测量精度。因此，把几台热测量设备交给一台计算机去管理，连续几周进行测量，不仅增加了精度，还减轻了人的劳动。

天文观测中使用的综合孔径射电望远镜，更是射电天文学和计算机结合的产物。它的基本思想是使用排列在地球表面上的一系列小孔径射电望远镜，对它们收到的信号作关联分析，由此恢复射电源的本来面目。这种望远镜的综合孔径可与地球的直径相比。但是它所看到的"像"在由计算机终端显示出来之前，只是一大堆数据。这是一种计算机带来的新型天文设备。还有其他计算机控制的昼夜不停的观测，例如哈勃望远镜、X光波段天文台、数字巡天计划等。地球上天文望远镜的总面积约每25年加倍，但由电荷偶合器件摄得的天文像素数目每两年就翻一番。目前，每夜天文观测的像素达几百个吉，即 10^{14} 以上，超过任何个别研究人员的存储和分析能力。现在有一个国际性的计划，要把所有的天文数据在互联网上共享，形成一个巨大的全球望远镜。人类将借助计算机的力量，继续开阔自己的视野。

核电子学标准的兴衰

在实验物理学的各个分支中，电子线路和数字仪表使用得最早最多的是核物理和高能物理实验，以致"核电子学"早就成了一门独立的学科。事实上，核电子学的应用范围也已远远越出了原子核物理和基本粒子实验，而为各种各样的数据采集和处理系统提供了高度标准化的技术。这一节着重从计算机接口的角度，介绍一下这个标准化过程中的曾经有过的某些环节。

核辐射的计数本来就是不连续的离散信号，最适于用数字电路

---

[1] 参看：于渌、郝柏林、陈晓松，边缘奇迹：相变和临界现象，科学出版社，2016。

处理。如果要测量某种辐射的角分布，就必须在各种角度都装上计数器，分别累计一定时间内收到的脉冲数目。这就导致了最初的多道分析概念。如果要跟踪或排除一个高速粒子引起的反应，就必须在若干个平行面内进行检测，再根据信号的符合情况来挑选数据。为此发展了各种符合和反符合电路，以便控制数据的采集过程。这些都是在普及电子计算机之前已经相当成熟的技术。为了各种仪表和电路之间的连接，曾经从核电子学的需求出发制定过各种标准。1961 年针对核物理和粒子物理实验的要求成立了欧洲电子学标准规范委员会（European Standards On Norms for Electronics，ESONE）。1964 年成立了制定美国核电子仪器模块标准的 NIM 委员会。NIM 和 ESONE 最初主要关心信号制度、接插件、甚至机箱的标准，没有多少从计算机出发的考虑。

计算机的使用使核电子学大为改观。举一个例子，多道计数成了极其简单的任务。假定要实现 4096 道的计数，只要计算机的存储器附加一条简单功能：单元地址每被访问一次，其内容就自动加 1。这件事甚至不需要中央处理器去过问，只要有"直接内存访问"（简称为 DMA）功能就成了。这时主机还可以承担其他任务，计数只是顺便完成的事。

随着电子计算机的日益普及，计算机和各种数字仪表的接口标准化成了迫切任务。理想的目标当然是：任何一种数字仪表应能容易地与任何型号的计算机相连接。于是，以 ESONE 为核心的 13 个欧洲国家在 1967～1969 年为计算机和电子仪器生产厂商以及科学实验室制定了一套名为"计算机自动测量和控制"（Computer Automated Measurement And Control，CAMAC）标准。它包括硬、软两个方面。硬件涉及接插件规格，总线组织、电缆、面板及机箱尺寸等等。软的方面则规定了控制指令流和数据信息流的组织方式。由于这套标准优于美国原来的核电子学标准，美国国家标准局[①]在 1970 年 3 月宣布接受 CAMAC 为美国标准。许多国家的厂商都着手生产 CAMAC 标准设备。这大为加速了实验室自动化的进程。微处理机问世之后，发展了专门与微机连接的 MICAMAC。为了用计算机管理 CAMAC 设备，人们还研制了 CAMAC 标准软件包。然而，CAMAC 终究是基于单机单设备的连接标准，不完全适应多通道多层次信息量巨大的数据采集和处理要求。于是标准化的重点转向整体的总线组织方式，而 NIM 和 CAMAC 等，至今仍是大型数据采集系统的组成部分。

在一定意义上，冯·诺伊曼计算机就是围绕着总线组织起来的。有的计算机只有一条总线，中央处理器、主存、输入输出设备都以标准方式挂到总线上（回想图 4.1）。有的计算机分成内部总线和输入输出总线等。一个大的数据采集和处理系统，也是由挂到公共总线上的各个部分组成的。总线的标准化也经历了若干阶段，从早期在一些大型高能物理实验室中使用的 Fastbus、Multibus 等，发展到后来的虚机环境总线，标准数据线也从 8 位增加到 16 位、32 位和 64 位。

我们再专门说一下 1983 年以后逐渐普及的 VMEbus 总线。这原来是由一批厂商和实验室发起制定的标准，后来他们组织了一个简称 VITA 的非营利组织来推广 VMEbus。VITA 所发行的"VMEbus 规定"实际上成为国际标准。后来，包括我国在内的国际电技术委员会（IEC）投票通过了 VMEbus 的正式标准。1986 年它作为 IEC 的第 821 号文件出版，标题是"微处理器系统总线 II，8 位、16 位和 32 位数据"。这又是一套包括硬软两个方面的标准。

生产 VMEbus 产品的厂家越来越多。2002 年初，以 Motorola 公司为核心的 140 多个 VITA 积极成员开始了使 VMEbus 复兴的新一轮努力。传输速度从 32 位总线的每秒 40MB（注意是字节 B 而不是位 b）提高到 64 位总线的 320MB 以上；VITA 41 更进一步提升到 3～

① "美国国家标准局"现已更名为"美国国家标准和技术研究院"。

30GB/s。总线连接也从原来的并行接口，发展为适应 10 亿位以太网、PCI Express、Infiniband（见第四章最后一节）等高速网络的串行开关阵列。现在 VITA 每年发布不断更新的"VMEbus 技术路线图"。

数据采集和处理涉及各行各业，物理学只是先行一步，起了带头作用。标准化归根结底是工业部门的事情。等到像 VITA 这样的生产厂家组织承担起继续促进的任务，物理学家们就可以退居二线、坐享其成了。欧洲的 ESONE 先是把名称中的 S 从标准（Standards）改成研究（Studies），继而干脆在 2001 年 7 月在回顾了建立 CAMAC 和 Fastbus 的历史功劳后宣布自己进入休眠状态。NIM 也早就不积极活动了。

现在，我们已经从概念上做好准备，可以着手介绍电子计算机在高能物理实验中的作用了。

高能物理实验

为了研究物质的微观结构和相互作用，必须把电子、质子等加速到很高的能量，或令其互相碰撞，或打进其他粒子内部，观察它们如何分裂、衰变成别种粒子。粒子的能量通常以"电子伏"为单位。这是一个电子经过 1 伏电位降后所获得的能量，记作 eV。1 电子伏是微乎其微的能量，大约只有 1.6×10^{-19} 焦。现代粒子加速器可以把各种带电粒子加速到亿万电子伏，需要用更大的单位来计算能量：

每 1000 电子伏记为 1keV（1 千电子伏）；

每 100 万电子伏记为 1MeV（1 兆电子伏）；

每 1000 兆电子伏，即 10^9eV，记为 1GeV（1 吉电子伏）；

每 1 兆兆电子伏，即 10^{12}eV，记作 1TeV（1 太电子伏）。

高能物理实验中最关心的是粒子在云雾室、气泡室、火花室、闪烁晶体、核乳胶等种种探测器中留下的"事例"和"径迹"。通常要从大量常规事例的背景中，挑选和分析极为稀少的特别事例，才能导致新的发现和突破。例如，1958 年全年在气泡室中总共只得到 137 个有 K^- 介子的特别事例,而 10 年之后由于粒子能量的增加,一次实验中就可能看到百万个以上这种普通事例。到了 1983 年,发现弱电磁统一理论所预言的 W 介子时,总共从 10^9 个质子—反质子碰撞中挑选到 5 个特别事例。

每一个事例的研究,首先是收集大量原始数据,然后从这些数据反推出参与事例的各个粒子的能量、动量和角度分布。通常加速器要连续运转成百上千小时,才能积累足够的数据,获得可靠的统计结果。中国科学院高能物理研究所的北京正负电子对撞机连续几年运行,到 2001 年底搜集了 5800 万个 J/Ψ 粒子的事例,大约 6 倍于全世界其他加速器得到的事例总和。这才得以仔细分析计算出各种衰变反应的分支比。此外,在这 5800 万个反应中看到了 8 个被记为 $pb^{-1}\Psi$(3270)的事件,它们可能揭示新的现象。

为了寻找粒子物理标准模型所预言的希格斯玻色子(Higgs boson),实验物理学家们建设了几代加速器和探测仪设备,坚持进行了近 50 年的求索,终于在 2012 年初步看到迹象,而在 2013 年正式宣布找到了这个"上帝粒子"。2013 年两位理论物理学家希格斯(P. Higgs)和恩格勒(F. Englert)为此获得了诺贝尔物理学奖,同样做出了重大贡献的勃若特(R. Brout)在 2001 年去世,只能被同事们在诺贝尔演讲中提及。不过,这三位学者确曾在 2004 年联名获得以色列颁发的 Wolf 奖。计算机在发现希格斯粒子过程中所发挥的作用,已经是理所当然的事,而不在报道中被特别提到。

高能物理实验工作者不能限于享用现有计算机资源,还必须发挥创造性来解决数据采集和处理问题。可以毫不夸大地说,高能物理实验家必须首先是计算机专家,计算技术的进步有许多是来自高能物理实验的需求。

图 5.2 是一个高能物理实验数据采集系统的极其简化的粗框图。它由三个层次的 VMEbus 总线组成。第一层是直接连到各种 NIM 和

CAMAC 设备的数据采集层。第二层是数据预处理和存储，显示与监视。第三层才是数据分析处理。除了有通向大型机的通道，系统中还可能配置大量微型机和仿真机。

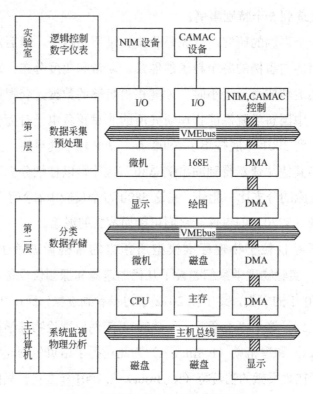

图 5.2　数据采集和处理系统粗框图

从 头 算 起

　　长期以来，人们对宏观"结构"和物质"材料"的认识有很大差距。这里"结构"是指用"材料"做成的宏观对象。一般说来，只要给定了材料的参数，结构还是比较好"算"的。例如，给定弹性模量、屈服强度等材料特性，计算桥梁或大楼的尺寸与稳定性；给定介质和金属的电导率、介电常数，计算某种形状的微波波导管、谐振腔或者天线的参数。至于从物质的微观结构和物理学的"第一原理"出发，预见材料的性质，指导新材料的研制，则人们掌握得还比较少。事实上，新材料的发现主要是靠摸索经验规律，再加大量实验和"炒菜"。

然而，计算技术的发展和计算成本的降低，正在使这种情形发生变化。至少对于一般固体材料而言，决定材料性质的基本物理原理已经清楚，为什么不能从量子力学和统计物理出发，直接计算材料的性质呢？"从头算起"已经发展成一个专门领域，而且取得了相当成绩。目前在文献中常常采用"从头"二字的拉丁文，把这类工作称为 Ab initio 计算。

取一大堆硅原子来放到一起，它们应当形成什么样的晶体结构，晶格常数和结合能是多少？大块材料的弹性模量又是多少？早在1982 年就得到的从头计算结果已经很引人注目。这些计算中晶体结构还是给定而不是算出来的，但事先计算了 6 种不同结构，说明在常压下能量最低的是"金刚石结构"，而在高压下是"灰锡结构"。除了晶体结构，基本的输入量就剩下原子序数。主要的计算结果列在下面的表 5.1 中。

表 5.1　几种周期表第Ⅳ族元素的结构参数

计算值/实验值	晶体常数（Å）	结合能（eV）	弹性模量（ZB）
硅	5.45/5.43	4.84/4.63	0.98/0.99
锗	5.66/5.65	4.26/3.85	0.73/0.77
碳	3.60/3.57	8.10/7.35	4.33/4.43

为了进行硅的计算，对每个原子取了 100 个平面波基函数来逼近它的状态。因此，计算金刚石结构时，要产生和对角化一个 200×200的矩阵，而在六角结构下要处理 400×400 的矩阵。这一结构计算在早年的 CDC7600 计算机上大约用了 3 个小时。选定结构之后，再用几分钟就可以得到表中第一行的数字。

对于金属也进行过类似的从头计算。周期表中前 50 个金属元素的基态，包括结合能、晶格常数和弹性模量的计算结果，与实验值的符合大约在 10%以内。金属磁性的出现，定性地说，来自周期表过渡族元素中未填满的壳层，但为何那么多过渡金属中只有铁、钴、镍三种元素有磁矩，只有 Ab initio 计算给出了符合实验事实的定量说明。

大块材料的从头计算可以利用晶体的周期对称性节省不少计算时间，而固体表面性质的计算一般要花更多时间。金属表面的电子状态对于某些催化剂的性能有很大影响。半导体洁净表面和吸附了其他原子的表面结构，与半导体器件的性能有密切关系。因此，近几年关于固体表面的从头计算愈益增多。至于计算单个吸附原子或单个缺陷附近的状态，由于对称性更低，通常计算量更大。目前用电子计算机求解两三千个原子的集团的性质并无原则困难。这类计算实质上已经接近大规模的量子化学计算。到了 20 世纪末，固体能谱结构的计算已经相当成熟，人们的注意力转向自由能和状态方程的计算。然而，表面性质、异质结构、有机晶体等的计算仍然是规模很大的课题。

量子化学是用量子力学直接计算各种分子的结构，电子能级和其他性质。对于小分子这早就是"从头算起"，而对较大的分子曾不得不引入各种近似处理方法。随着人类计算能力的扩大，成百上千个原子组成的大分子也成为可算的对象。特别是复杂的生物大分子，它们的形状并不固定，而是处于不断的运动变化之中。不久前有人把一些生物大分子的计算结果拍成彩色影片，生动地显示了肉眼看不到的复杂运动形态。这对于认识生物分子结构和功能的关系，进一步得出生理和病理方面的结论，无疑有深远影响。至于用"从头算起"的方法设计药物分子并研究它们的性质，早在 20 世纪 80 年代初已经是相当成熟的事情。人们把这叫作"计算机里出来的化学"。到了 20 世纪 90 年代，Ab initio 计算甚至进入了生物领域，不过那里往往还要依赖"训练数据"，不能算是彻底地从头算起。我们在第六章里讲生物信息学和计算生物学时再继续这个话题。

　　总之，昔日不能想象的"从头算起"，正在成为科学工作者手中的常规武器，帮助我们更好地认识和改造世界。

计算机"代数"

　　理论物理工作者要付出生命的相当部分，从事艰苦的解析推导。那种"一个脑袋、一支铅笔、一张纸"的神话，只存在于局外人的想象之中。如果说是"一群脑袋、几十支笔、成千上万张纸"，倒比较接近实际生活一些。在这大量的公式推导中，有相当一部分是必须一步一步完成的机械劳动。从 20 世纪 50 年代起，人们就着手让电子计算机来协助公式推导，到目前已经发展过不下 60 种用于解析运算的语言。

　　什么是计算机解析运算？就是请计算机协助推式子。输入数学表达式，输出的还是表达式。举一个例子。初等函数如三角函数、指数、对数、反三角函数等，它们的微分还是初等函数。把初等函数嵌套起来，就得到复合函数。例如

$$f(x,y,z) = \sin\left\{ xe^{[x\cos(y)]} + z \right\}$$

它的高阶导数，虽然一定算得出来，但是会十分复杂。而这正是计算机可以处理的拿手好题。上面这个函数的六阶偏微分

$$\frac{\partial^6 f(x,y,z)}{\partial^3 x \partial^2 y \partial z}$$

用计算机算出来共有 35 项。人工计算的最大危险是犯错误。训练有素的理论物理工作者，每算 100 页稿纸犯几次错误，几乎是一个常数。电子计算机却能不厌其烦、不犯错误地坚持计算。关键是要拥有相应的软件，并且学会告诉计算机算什么、怎样算。

　　目前常用的解析推导语言有 REDUCE、Mathematica、Maple 等，其中前两种最初都是由理论物理工作者自己设计的。这些语言大多能进行多项式运算、形式微分、矩阵运算、求行列式、计算不定积分、

进行表达式的代换，乃至完成不对易量（即 A*B 不等于 B*A 的量）的运算等。解析运算的特殊情况，是准确的或任意精确度的数值计算。这是因为解析运算语言不能以固定方式在一个或多个字中放一个数据，而是把数据作为表达式放在可以任意延长的"表结构"中。

解析运算虽然完全不限于代数，但是习惯上把这一门学问简称作"计算机代数"（CA）。它已经协助科学工作者解决过许多难题。我们举几个例子。

天体力学中从三体问题开始、所有多体问题都不可能求得解析的答案。19 世纪发展了许多微扰展开方法，但是计算过程十分冗长。法国天文学家德劳耐经过 10 年推导、10 年验算，在 1867 年发表了《月球运行理论》一书，其中有计算到 10 阶微扰的 40 000 个公式。这些式子由于人造卫星的轨道计算而获得了新的意义。1970 年人们用解析运算语言重新检验了德劳耐的结果，在计算机上用了 20 个小时（如果在 2000 年，可能只用两分钟），只发现了 3 个错误（实际是一处错误引起的）。这使人想起电子计算机才出现时，人们重新检验《巴罗表》（我们在第一章里已经提到它），只在最后一位有效值上发现一两处小错的故事。这些当年只能用手工和心血完成大量精确计算的科学工作者，他们的劳动至今使后人肃然起敬。德劳耐的两卷巨著，现在反倒成为检验新的解析运算程序的范本。

广义相对论和引力理论的计算，是另一个最早使用解析运算语言的领域。在普通的三维空间中，两个邻近点之间距离的平方是（"商高定理"）

$$ds^2 = dx^2 + dy^2 + dz^2$$

由于物质分布而变"弯曲"的四维时空中，距离的平方成为

$$ds^2 = \sum_{i,j=0}^{3} g_{ij} dx_i dx_j$$

其中 g_{ij} 是 x_0、x_1、x_2 和 x_3 的函数，叫作度规张量。从度规张量推导爱因斯坦广义相对论的基本方程，要不断求微分和重新组合。使用

笔和纸作三个月推导，在计算机上只用两三分钟就够了。当然，必须先有现成的解析运算软件，并且花一定精力去熟悉语言，编写和调试程序。

描述电子和电磁场相互作用的量子电动力学，包含着一个很好的小参数——精细结构常数 $\alpha = 1/137$，因此可以用微扰论作精密计算。然而，微扰论高阶项的结构很复杂，通常用一种专门的"费曼图"（这是第一章里提到过的、当年参加安装卡片计算机的那位费曼发明的）来表示。每个费曼图对应一个高重积分，被积表达式中又有大量的 4×4 的矩阵乘积。首先要产生一切可能的费曼图，不许重复或遗漏。然后再完成矩阵乘积的简化、计算多重积分——这一切都是适于计算机做的事。前面提到的 REDUCE 等语言，最初就是为此设计的。在量子电动力学的高阶微扰计算中，计算机代数起了无法用其他手段替代的作用。这里的经验，也有益于处理粒子理论中强相互作用，即所谓"量子色动力学"的计算。

物理学中的人工智能

计算机推导公式只是一类非数值运算，还算不上是真正的人工智能。人工智能系统通常要求具备一些适应、认知、学习、判断和根据情况解决问题的能力，没有也不可能有完备的定义。机器推理和证明、自然语言理解和翻译、图像识别和计算机视觉、机器人、计算机下棋、专家系统等，都可以归入人工智能的范畴。

从物理学角度，我们只讲一下专家系统。所谓专家系统，是指用计算机模拟一定领域中人类专家思考和解决问题的过程。通常要把专家知识归纳成若干条规则，形成知识库和解决问题的策略路线。针对某些类疾病的医学专家系统，根据地质资料和勘探数据找矿的系统，确定复杂有机化合物性质和合成路线的系统，都是受到重视和得到财政支持的领域，而且已经有一批成功的实例。物理学的发展也自然提出研制专家系统的要求，但不易得到外界支持，只能由物理工作者和计算科学工作者结合，自己动手解决。

中国科学院理论物理研究所研制的"群表示在物理学中的应用工作环境"（缩写为 GRAPE[①]）是一个例子。物理系统往往在各种层次上具有明显或内在的对称性。许多物理性质完全由对称性决定。充分利用对称性，还可以简化实际计算过程。群论是专门研究对称变换的数学分支，有完备的体系和整套的算法，有大量表格和数据。然而，凡是使用群论方法、认真处理过物理问题（而不是习题）的人，都会对那枯燥冗长的计算留下深刻印象，有一种自己变成了机器的感受。群论的知识和技巧几年不用，就会生疏遗忘。因此，人们早就有用"软"专家代替人类专家的愿望。

GRAPE 群论系统由几个独立模块组成。教学模块可以说明常见的群论概念。核心模块可以协助人进行基本的群论计算，并且带有一个群论数据库和一个文献索引库（限于固体物理学常用的点群、空间群和磁空间群），以及一个"自然语言接口"。这样的系统，不像是标准的专家系统，而是为物理工作者提供了一种群论工作环境，更接近所谓"知识环境"。这个用 LISP 语言编写的系统，只能算是一次早期尝试。它已经不适应现代计算机的软件配备。

其实，复杂实验装置的最佳参数选择，新材料的探索与合成，复杂晶体结构的分析和确定，都是可以借助"专家系统"的领域。我们不应把注意力只限于建立"科学数据库"，而要学会在更高层次上发挥计算机的作用。

教学比起学习来，虽然不那么"智能"性强烈，然而精心编制的教学程序最能因材施教。坐在终端前面的学生们，在与机器对话的过程中将根据各自原有基础，经过不尽相同的步骤，完成数量不同的作业，以不同的速度学完课程。许多抽象的概念，可以借助图

---

① 参看：高俊铭、崔湛、郝柏林，计算物理报告（英文综述刊物）1990 年第 12 卷 289~381 页。

形显示而留下深刻印象。这些好处当然不局限于物理教学。我们应当重视计算机在物理教学中的作用。使用个人计算机，就可以得到很好的效果。

20世纪60和70年代，曾经有过对人工智能的广泛而过头的宣传。后来实际成果未能兑现宣传者们的大话，这一领域才进入了较为平稳的正常发展。经验说明，设计专家系统时，真正的专家知识还比较容易总结成规则，倒是普通常识却极难概括成系统的规则。手工进行大量解析推导的过程中，人们常常很快注意到经常出现的组合，并且利用这些组合来简化记号。计算机代数软件可以迅速地求得几百行、几千项的结果，却不会把结果整理成让人一目了然的简单形式。人和机器对"简单"的理解是不同的。

既然讲到了人工智能，而且我们已经说过未来的计算机应当具有"智能"，那什么是智能呢？什么样的计算机才具有智能呢？对这个问题的答案还是来自那一位早逝的天才——图灵。他建议请一位人类专家不断地提出问题，请躲在幕后的一个人和一台计算机来回答，再由提问者判断答案是来自机器或人。等到提问者不能作出判断时，那台计算机就具有了智能。这个"图灵测试"是明白、深刻但极难具体实现的，就像第七章末尾要说到的计算复杂性一样。据说，有人写出过程序来实现图灵测试的一个"子集合"。

第六章
计算机带来的物理学

电子计算机绝不仅仅是一种快速处理数据的机器。它为物理工作者提供了新的研究手段，帮助人们突破解析方法的局限，深入探索过去无法想象的复杂现象的本质。使用计算机的要诀，是从数字中得到形象、概念和新的定性结论，而不被淹没在数字的汪洋大海之中。事实上从 20 世纪 50 年代初期以来，计算机已经带来了一批新的物理概念，开拓了若干崭新的研究领域。我们在这一章里向读者介绍几个实例。它们不单纯是计算物理的成果，而且丰富了物理学本身。为了说明来龙去脉，有时还得夹叙一些物理和数学概念。

费米–巴斯塔–乌勒姆"实验"

费米是 20 世纪上半叶国际科学界中最有才华的人物之一，他集理论物理、实验物理、工程技术和教育家的能力于一身，在第二次世界大战期间领导建设了第一个实现原子核链锁裂变的反应堆。至今在芝加哥大学费米研究所对面，当年反应堆的旧址处，为纪念此事还树立着一座发人深思的现代雕塑。战后费米经常去访问洛斯·阿拉莫斯核研究基地。那里当时和今天一样，拥有世界上最强大的计算能力。费米很快对电子计算机发生兴趣，开始和乌勒姆等人讨论计算机的未来应用。

本书作者在美国芝加哥大学
世界上第一个原子核连锁反应堆纪念雕塑前（摄于 2013 年 7 月）

　　费米首先想到的是研究非线性系统的长时间行为和大尺度性质，这是用解析的数学工具无法处理的问题。于是他同乌勒姆和巴斯塔一起，在 1952 年夏天计划了一个计算机实验，第二年夏天得以在当时用来进行氢弹设计的 MANIAC I 计算机上实现。1954 年 11 月费米逝世了，他的合作者继续工作，并在 1955 年 5 月写出第 LA-1940 号洛斯·阿拉莫斯研究报告。它始终没有正式发表，只是在多年后收入了费米的全集。这篇现在变得很著名的报告，被许多人认为是计算物理学的正式起点，因为他提出的许多问题，后来有了重要发展。为了理解费米-巴斯塔-乌勒姆实验的意义，我们得先讲一点物理。

　　物理学中常常用理想气体来近似地描述实际气体。例如，气体

的压强 p、体积 V 和温度 T 满足的关系 $pV = RT$（R 是"气体常数"），就是只对于理想气体才成立的。为了推导出这个关系，需要假定气体处于热平衡状态。但理想气体不会达到热平衡，因为气体分子之间没有相互作用。即使某个分子动能特别大，它也不能够通过相互作用把能量传给其他分子。为了使学生们不发生怀疑，老师常常说理想气体只是一个近似，分子之间只要无限小的相互作用，就可以使能量均分，达到热平衡（这个过程有时简称"热化"）。无限小的相互作用果然能实现"热化"吗？

物理学中常用的另一种模型是简单谐振子的集合。例如，用这样的模型可以很好地解释固体在室温附近的比热。所谓简单谐振子，就是用线性常微分方程

$$\frac{\mathrm{d}^2 x}{\mathrm{d} t^2} + \omega^2 x = 0$$

描写的简单振动，它的解是 $\cos\omega t$ 和 $\sin\omega t$ 的叠加。这样的谐振子之间没有相互作用。如果一个谐振子的能量特别大，它也没有办法把能量分给其他谐振子。直到 20 世纪 50 年代初，人们曾长期相信，只要在这些谐振子之间加上一点点相互作用，也就是说加一点儿"非简谐性"，谐振子系统就可以实现"热化"。事情真是这样吗？

上面提出的问题虽很简单，但却具有基本的理论意义，而且又极不容易用解析的方法给出答案。费米建议在电子计算机上做如下"实验"。取 64 个质点排成一条线，相邻的质点之间除了普通的满足胡克定律的线性弹性力，还有很弱的非线性作用。这是一组耦合起来的非简谐振子。把各个质点的位移坐标重新组合一下，可以得到 64 种运动模式。用位移坐标或者运动模式来描述这个系统都可以，不过用后者要更清楚一些。在初始时刻把能量集中到第 1 种运动模式上，计算以后各个时刻的能量分布。原来预期会较快地达到"能量均分"，实验结果却出乎预料：这个耦合振子系统根本没有"热化"的趋势。经过相当一段时间之后，能量会重新聚集到第 1 种运

动模式上（例如，在1%的精度内回到初始状态附近）。如果把这种返回称为一个循环，则经过若干次循环后，甚至会以更好的精确度回到初始状态附近（这种"超循环"是1961年人们在更大的计算机上重复费米-巴斯塔-乌勒姆实验时发现的）。

图6.1是从前面提到的LA-1940号报告中引用的。为了看得清楚些，只保留了第1、2两种运动模式的能量随振荡周期数目的变化。哪里有一点"热化"的迹象呢？费米是熟知振动理论的人，他并没有事先猜到这个结果。

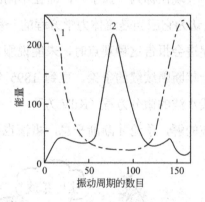

图 6.1 运动模式的能量变化

对于力学知识较多的读者，我们要指出一点，以防误解。这里讲的"循环"，不是力学中的"庞加莱返回"。64个质点的系统，其"庞加莱返回"时间长到可以与地球寿命相比，而上述"循环"只是明确反映这样的系统不会"热化"。

费米-巴斯塔-乌勒姆实验带来了当时谁也未曾想到的重大发展。它实际上是1962～1963年才证明的KAM定理的一个实例（KAM定理是牛顿力学300年来最重要的结果之一[①]，我们在后面还要讲到），也是"遍历理论"的一个反例，即非简谐振子的系统并不"遍历"。这个问题我们也在讲完KAM定理之后再作解释。它还直接导

[①] 参看：郝柏林，"牛顿力学300年"，《科学》杂志（上海），1987年第39卷第163~169页。

致了"孤子"理论的发展。

"孤子"和"孤波"

1834 年 8 月一位名叫斯科特·罗素的英国人沿着狭窄的运河骑马时，偶然观察到一个奇妙现象。从一条摇荡的船首挤出一堆水，高约 1 英尺①到 1 英尺半、长约 30 英尺。这堆水保持着自己的形状，沿运河往前传播。罗素纵马追逐了约两英里②，它才渐渐消失。罗素把它称为"孤波"（现在称为"孤子"，而在不同的意义下使用"孤波"一词），并且认为它应当是流体力学方程的一种解。不过罗素 10 年后向英国科学促进会报告这种观点时，未能说服自己的同事们。这个问题经历了几十年断断续续的争论，直到 1895 年科尔特威和德伏里斯导出了描述浅水波的微分方程（KdV 方程），并且解析地求出了一个类似罗素孤波的解，争论才渐渐平息，事情也被许多人遗忘。

罗素纵马追逐"孤波"

20 世纪 60 年代，在美国的贝尔实验室里，用电子计算机武装起来的一批科学家，试图继续理解费米-巴斯塔-乌勒姆实验的含义。他

---

① 1 英尺＝0.3048 米。
② 1 英里＝1609.3 米。

们注意到耦合振子系统的能量基本上集中在少数长波的运动模式上。长波模式为主，意味着可以忽略原来模型的离散性质，转而考虑一种连续的极限。经过一些数学变换，竟然导出了 KdV 方程。于是他们对 KdV 方程和它的一些变种，以及原来的耦合振子模型，进行了数值和解析的研究。他们发展了一套数值和解析相结合的研究方法，从数值结果和图形显示中获取定性启示，再试图用解析方法给予证明，然后又反回来用数值分析检验解析的推论，如此循环往复，步步深入。早在 1960 年乌勒姆就把这种方法称为"计算协同学"。在短短几年时间里，对于 KdV 方程和其他一些非线性偏微分方程，得到了一批解析结果：存在无穷多个守恒量、有多个"孤子"或周期孤子的解、线性化变换，以及某些方程互相转化的变换等，最后发展出一套求解这类非线性微分方程的强有力的方法 ——"反散射方法"。

20 世纪 50 年代曾流传过一则科学家们自嘲的笑话。物理学家遇见了晶体中的位错，医学家碰到了神经官能症，数学家面对着非线性，都被认为是无可奈何的事情。非线性微分方程当时以为是个性很强的问题，现在居然为一大类非线性方程找到了统一的解法，发现了许多共同的性质。这当然是非线性科学的重大进步。

两个孤子可以迎面相碰，互相穿过，各自仍保持原来的形状不变（图 6.2）。这是一大类保守系统的性质。在耗散系统中，也可能出现形状相当稳定的"波前"，它独立地向前传播。后一种情形，现在常称为"孤波"。这不同于罗素当年的叫法。20 世纪 80 年代以来，反散射方法发展到量子系统，并且与一些统计物理模型的严格解[①]发生了关系。这是现代数学物理中最美丽严谨的篇章之一。它目前表现为大量解析的结果，但回溯渊源，确曾受益于计算机实验的启示。

---

① 参看：于渌、郝柏林、陈晓松，边缘奇迹：相变和临界现象，科学出版社，2016。

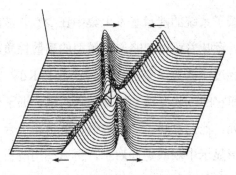

图 6.2　两个孤子的碰撞

遍历问题和"反 KAM"定理

　　费米-巴斯塔-乌勒姆的数值实验，与费米早年对于遍历理论的兴趣有密切关系。所谓"遍历"，或者叫"各态历经"，是玻尔兹曼在 1871 年提出来的一种假设，其目的是为了给统计物理学中对力学系统的状态求平均找到根据。如果一个力学系统有 N 个自由度，那么 N 个坐标和 N 个动量就支起一个 $2N$ 维的相空间。对于保守系统，能量守恒是加在这 $2N$ 个变量上的一个条件，于是运动就限制在 $2N$-1 维的等能面（这是一个"超曲面"）上。统计物理的基本假定可以表述为：系统处于等能面上各点的概率相等。粗略地说，遍历就是要求力学系统的运动经过足够长的时间后要经历等能面上的一切状态。不难理解，如果存在遍历性质，统计平均就有了根据。早就知道，简单的遍历性质是难以成立的，因此人们把它换成各种比较弱的要求（"准遍历性"等）。同时，多年来存在着一线希望：只要力学系统自由度比较多，而且各个运动自由度之间存在相互作用（或者叫"耦合"），就会有某种遍历性成立。费米-巴斯塔-乌勒姆实验的出乎意料的结果，动摇了这种希望。

　　遍历理论[①]作为一门数学分支，近几十年有了很大发展。一方面，人们证明了遍历性可以分成许多层次，一层比一层更适于用统计平均

---

① 参看：于渌、郝柏林、陈晓松，边缘奇迹：相变和临界现象，科学出版社，2016。

来处理。数学家们为每一个遍历层次都构造出实例，说明划分层次是必要的。另一方面，又证明了许多具体系统的遍历或不遍历性，其结果与物理直观多少有些相违。例如，两个钢球组成的系统是遍历的，有限个非简谐振子组成的系统反而是不遍历的（这与费米-巴斯塔-乌勒姆实验的结论一致），然而无穷多个简单谐振子组成的系统又是遍历的，等等。遍历理论的晚近发展，证实了我国一位统计物理学前辈的论断："各态历经假说不能作为统计物理的基础"[①]。那么，统计物理的基础何在呢？在我们看来，应当到某种"反 KAM"定理中去寻求。这又是计算机实验的启示，还有待继续研究。

我们已经提到，KAM 定理是牛顿力学 300 年来最重要的发展之一。这是关于"弱不可积系统"运动性质的一个普遍论断。首先，如果具有 N 个自由度的力学系统，恰好存在 N 个运动不变量（其中一个是守恒的能量），则称为"可积"系统，因为这时即使牛顿方程解不出来，也可以把解表示为积分形式。其次，可积系统的运动不仅限制在 $2N\text{-}1$ 维的等能面上，而且进一步限于 $2N\text{-}N$ 维的曲面（通常称为"N 维环面"）上，因而显然不能具有遍历性。最后，可积系统极为稀少，而不可积的系统多得无可比拟。不可积系统的运动图像如何呢？KAM 中的 A，即数学家阿诺德在 1963 年写道："动力学中的不可积问题曾非现代数学工具所能及。"然而，我们将看到，这是现代电子计算机力所能及的问题。目前关于不可积系统的大量知识来自计算机实验。

数学家的办法是退而讨论弱不可积系统的性质，就是从可积系统出发，加上很小的扰动使它成为不可积。柯尔莫哥洛夫在 1954 年猜测，而阿诺德和莫塞尔在 1962～1963 年证明：在三个条件下，弱不可积系统的运动仍然限制在 N 维环面上（这只是 KAM 定理的极其粗略的表述）。于是，弱不可积系统显然不能具有遍历性。

物理学家们的办法是破坏 KAM 定理的条件，用电子计算机观察

① 王竹溪，统计物理学导论，高等教育出版社，1956，第 46 页。

后果。最初这样做的是天体力学家伊侬和物理学家福特。由于高维的相空间很难形象化，他们使用的办法是观察运动轨道和特定平面的截迹（"庞加莱截面"）。他们发现，无论破坏 KAM 定理的哪一个条件，运动轨道都会在等能面上弥散开来。图 6.3 给出伊侬最早的

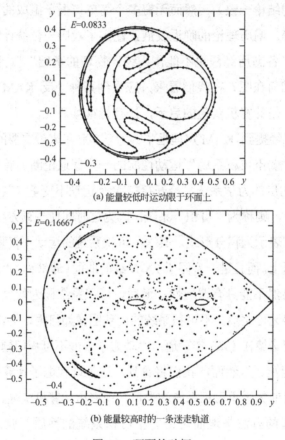

(a) 能量较低时运动限于环面上

(b) 能量较高时的一条迷走轨道

图 6.3　环面的破坏

结果。（a）图是弱不可积的情形，其中给出一条运动轨道的庞加莱截面，所有的点都落在光滑的曲线上，这些曲线就是 N 维环面与庞加莱平面的截迹。（b）图是破坏弱不可积条件之后的情形。同样是一条轨道的截迹，却弥散到很大范围。从伊侬 1964 年的工作以来，已经进行过大量计算机研究，形成了许多新的概念。虽然真正的"反

KAM"定理，即在什么条件下运动轨道会弥散到整个等能面上，目前还没有表述出来。然而，"牛顿力学在一定条件下表现出随机行为"，已为越来越多的物理工作者所认同。

非线性系统中的混沌现象

上面介绍的是保守的、不可积的力学系统中，如何出现轨道弥散、遍历和随机性。在含有耗散的物理系统中，这也是很普遍的现象，而且往往表现得更为清楚。

保守系统的运动遵从"刘维尔定理"。在相空间中取一个点作为初值，这个点就发展成一条轨道。在附近再取另一个点作初值，它发展成另一条轨道。如果把相空间中某一块体积内的点都取作初值，这无穷多个轨道都随时间演化，但是在任一时刻它们构成的体积和原来相同。这就是刘维尔定理。因此，刘维尔定理可以简单地说成"相体积不变"。

然而，对于耗散系统，相体积会不断收缩。如果初始的相体积是一个球，它可能缩到一个点、一条曲线、一张曲面等。如果缩到一个点，系统的运动状态就不再随时间变化（只要变化，至少会拉开成线），这叫作不动点。如果缩到一条曲线，通常是一条封闭的曲线，系统进入周而复始的周期运动状态。这样的曲线称为极限环。如果缩到一张曲面，这往往是像救生圈那样的"环面"。环面可以用不同的平面截出两种封闭的截迹，沿其中任何一个都可以测量出一个运动周期。如果这两个周期之比是一个有理数，即可以表示成两个整数之比，运动轨道实际上还是一条封闭曲线，并不能充满整个环面。只有两个周期之比不能表示成两个整数之比，或者说是一个无理数时，运动轨道才会充满整个环面，而且密密麻麻、无始无终、永不相交。

反过来说，耗散系统的相空间中可能存在着不动点、极限环、环面等种种"吸引子"。无论从相空间中哪一点出发，最终都会收缩或被"吸引"到这些吸引子上去。系统的长时间行为，就是在吸引子上的运动。在到达吸引子之前，会有一段"过渡"（也叫"瞬变"）过程。过渡过程和吸引子，都是耗散系统的特点，在保守系统中看不到。不动点、极限环、环面等等"平庸"的吸引子，科学家们早已司空见惯，不以为奇。

可是在具有内部相互作用的耗散系统中，常常会产生另一种新现象：运动轨道的不稳定性。任意两个在初始时刻靠得很近的轨道，在下一时刻就迅速分离。而且分离的速度很快，真是"失之毫厘，差之千里"。这种运动不稳定性发生在每一个局部，然而耗散或相体积收缩又是一种整体性的稳定因素。怎样使这两种矛盾的倾向统一起来呢？局部要分离，整体要收缩，运动轨道会产生无穷多次扭曲和折叠，最后导致所谓"奇怪吸引子"。

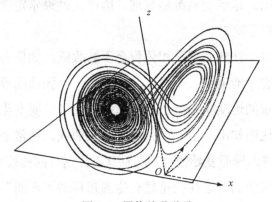

图 6.4　罗伦兹吸引子

第一个"奇怪吸引子"是气象学家罗伦兹 1963 年在计算机实验中发现的。他当时用数值方法求解一个描述大气对流的微分方程组。这组方程已经大为简化过，只剩下三个变量，而且不含任何外加的随机因素。罗伦兹发现，只要初始值有极其细微的改变，以后的运动轨道就会差得很远。像图 6.4 中有左右两组螺旋轨道，每转到靠近某个中心附近，就会突然地、几乎随机地跳到另一组螺旋的外侧。

罗伦兹曾经认为，这种对初值的敏感性，排除了长期数值天气预报的可能性。他曾经开玩笑地讲到"蝴蝶效应"：地球上某处一只蝴蝶突然扇动翅膀，改变了初始条件，于是大气运动的长时间行为完全改观。果真如此，怎样能谈得上天气预报呢？

然而，人们远远不必这么悲观。奇怪吸引子有若干整体的特征又是十分稳定的，不因初始条件的差异而变化。其中之一是"维数"。大家都知道零维的点，一维的线、二维曲面、三维立体、四维"时空"这些概念。不动点、极限环、环面分别是零、一、二维的平庸吸引子。奇怪吸引子的维数不必是整数，而可能是分数，甚至无理数。例如，图 6.4 所示的罗伦兹吸引子的维数就是 2.06。怎样定义和测量不必是整数的"分维"，是一个从 1980 年代蓬勃发展起来的新的科学领域。经济学家们开始计算"经济吸引子"的维数，生理学家正在测量人脑电波的维数。我们不能离开主题太远，只好建议有兴趣的读者去参阅作者之一的专题介绍[①]。

另一方面，我们又不能过于乐观。气象现象与其看成限制在吸引子上的长时间行为，不如说更像是过渡过程。图 6.5 是一个只有三

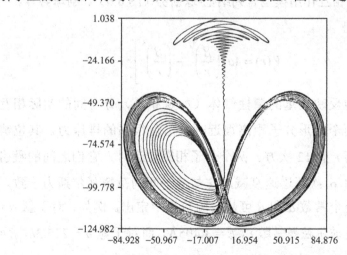

图 6.5　一个常微分方程的轨道过渡过程（初始点在图中部上方）

---

① 郝柏林，"分形和分维"，《科学》杂志（上海），1986 年 38 卷第 1 期。

个变量的常微分方程组所表现出的复杂的过渡过程。描写大气运动的是具有无穷多个变量的偏微分方程组，其过渡和长时间行为都会复杂得多。可以断言，人们今后对这些复杂过程的研究将永远离不开电子计算机。

分子动力学和"长尾巴"行为

对于不十分稀薄的实际气体，以及液体和溶液，长期以来人们只能用统计平均的办法来研究它们的性质。20世纪50年代中期以后，电子计算机开始提供从微观动力学出发，直接计算宏观系统性质的可能性。出现了一门新学问：分子动力学。

分子动力学的方法，就是直接拿几千或上万个"分子"来，给定它们之间的相互作用和容器边界上的条件，然后求解描述它们运动的牛顿方程组，得到每时每刻每个分子的坐标和速度数值并记录下来。要知道某种宏观性质，就取出这些原始数据来求相应的平均值。

常用的相互作用模型有列纳德-琼斯势（图6.6）、刚球势等。列纳德-琼斯势

$$V(r) = 4\alpha \left[\left(\frac{\beta}{r} \right)^{12} - \left(\frac{\beta}{r} \right)^{6} \right]$$

可以很好地反映较重的惰性气体（如氩和氪）分子间的实际相互作用。当两个球形分子距离很近时，出现很强的排斥力，其位势反比于距离 r 的 12 次方。两个分子相距较远时，它们之间的吸引势按距离的 6 次幂迅速衰减，这与分子间的范德瓦尔斯力一致。位势中的两个常数 α 和 β 可从实验数据中定出。例如，对于氩 $\alpha = 119.8k$（k 是玻尔兹曼常数），$\beta = 3.405$Å，而对于氪 $\alpha = 225.3k$，$\beta = 4.04$Å。

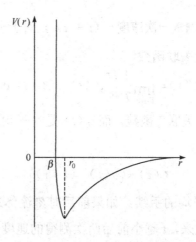

图 6.6 列纳德-琼斯势示意图

刚球位势是高度简化的模型：仅当两球相碰撞时才遇到无穷高的势垒，只要两球不接触，形式上就没有相互作用，位势为零。应当指出，基于这样的二体作用的多体问题中，平均得到的有效势中会出现吸引部分，因此仍能反映实际气体的一些性质。刚球势有一些严格的解析结果，可用以监视数值计算。

带电粒子之间的库仑力，是衰减很慢的长程相互作用，这曾经给早年的计算带来困难。后来学会了处理电中性系统中的库仑屏蔽，也可以进行分子动力学计算了。常见的边界条件有全反射、漫反射、周期条件等。只要容器足够大，粒子数足够多，边界条件应对计算结果影响不大。实际计算中必须对边界条件的作用进行估计和检验。

分子动力学的最早用途，就是计算状态方程，考察有无相变或两相共存等现象发生。在有限个粒子组成的体系中，原则上看不到尖锐的相变[1]，但分子动力学计算确实表明了有相变发生。这本来也是意料之中的事。

出乎意料的是在动态现象的计算中发现了速度关联函数的"长尾巴"行为。在某一时刻 t，测量流体中给定点的速度 $v(t)$，然后

_____

[1] 参看：于渌、郝柏林、陈晓松，边缘奇迹：相变和临界现象，科学出版社，2016。

经过时间间隔 τ 再测量一次速度 $v(t+\tau)$，对于全部测量时间 t 作长间平均，得到速度关联函数

$$C(\tau)=\lim_{T\to\infty}\frac{1}{T}\int_0^T v(t)\,v(t+\tau)\,\mathrm{d}t$$

严格说，这叫"自关联"函数，而 $v(t)$ 是对平均速度的偏离量。通常简单记为

$$C(\tau)=\langle v(t)v(t+\tau)\rangle$$

用尖括号代表取平均的手续。如果前后时刻流体速度相互无关，平均值为零。一般说来，τ 越小前后两次测得的速度值就越有关联，自关联函数 $C(\tau)$ 应随 τ 的增大而衰减。从简单的定性考虑可以估计出，$C(\tau)$ 应当指数衰减：

$$C(\tau)\sim e^{-a\tau}$$

这在很长一段时期里是人们信以为真的事。用分子动力学的方法很容易检验 $C(\tau)$ 的衰减规律。人们发现，在很快的指数衰减之后，自关联函数还拖着长长一个只按幂次衰减的尾巴。奇怪的是，这个幂次与系统的空间维数 d 有关：

$$C(\tau)\sim(\tau)^{-\frac{d}{2}}$$

当时为了节省计算时间，不仅计算了 $d=3$ 的刚球气体，还更多地计算平面中的"刚盘"系统，这才注意到对维数的依赖性。$d=2$ 时，

$$C(\tau)\sim\frac{1}{\tau}$$

而对于一维系统

$$C(\tau)\sim\frac{1}{\sqrt{\tau}}$$

"长尾巴"行为最早是在 1967 年作为计算机实验的事实发现的，20 世纪 70 年代初才从理论上理解清楚[①]。这是计算机带来新物理概

---

① 感兴趣的读者可以参看：L.E.雷克著《统计物理现代教程》，下册第 16 章，北京大学出版社，1985。

念的一个典型事例。

与分子动力学有相似之处的，是近些年对分子化学反应动力学的直接计算。所不同处，在于前者是用经典力学计算多体系统，而后者必须用量子力学处理，目前还限于粒子数目不太多的简单体系。过去在化学中描述一个反应方程

$$A + B \rightarrow C + D$$

根本不考虑这些 A、B、C、D 分子是什么形状，从什么角度互相飞近。现在知道，非球形分子在反应过程中是头头相碰，还是头尾相撞，其效果可能颇为不同，这类计算说不定会带来新的化工流程，改变生产面貌。

"夸克禁闭" 和 "渐近自由"

物理学对物质结构的探索，从宏观物体深入到微观世界。19世纪末确认了分子和原子的存在。1911 年卢瑟福实验证实了原子由原子核和电子组成。20 世纪 30 年代明白了原子核里有中子和质子，同时又提出了什么力量能把这些核子维系在一起的问题。20 世纪40 年代发现了 π 介子，事情好像清楚了。电磁作用由光子传递，核子之间的强作用由 π 介子传递。"基本"粒子分成轻重两组。轻子包括电子、介子、中微子，而重的粒子有中子、质子和它们的反粒子等。然而好景不长，宇宙线和加速器实验陆续带来了一大批新粒子。"基本"粒子的数目越来越多，以至它们绝不再可能是物质最基本的组分。于是 20 世纪 60 年代物理学研究进入了原来的"基本"粒子内部。

一种比较好的模型是，参与强相互作用的粒子（统称强子）由更深层次的"夸克"（或者叫"层子"）组成。中子、质子由三个夸克组成，π 介子由夸克和反夸克组成。由于夸克本身有六种之多，每种夸克又有三种"颜色"，用它们确实可以组成所有已知的强子，

而且还预言和发现了应当存在的新粒子。然而夸克理论必须回答一个难题：为什么实验中一个夸克也看不到？或者更确切些说，夸克不能脱离开强子而自由跑出来（"夸克禁闭"），这必须作为一个基本事实包含在正确的理论中。

这样的理论已经建立。夸克之间的相互作用是靠"色荷"耦合的，就像电子之间靠电荷耦合一样。电磁相互作用靠交换光子实现，而夸克之间的作用靠交换"胶子"。由于夸克的内部对称性质复杂得多，它们的相互作用理论，即所谓"量子色动力学"也比"量子电动力学"复杂得多。例如，胶子就有八种之多，而且理论中又没有像电荷那样的小参数，允许人们用微扰展开的办法去取出有用的结果。事实上，夸克之间的耦合强度是与距离有关的，到了很小的距离上相互作用反而又变弱了，这叫作"渐近自由"。

形象地说，夸克们的脾气很特别。一方面，它们越挤越自由，另一方面，距离放松之后却又彼此拉住，谁也跑不出去成为实验观测的对象。相当一部分理论物理学家相信量子色动力学可以同时说明"夸克禁闭"和"渐近自由"这两种极端表现，但又无法正面强攻理论面临的数学困难。当然也有不少反对派，有人甚至高呼过"量子色动力学已经死了！"

这时，电子计算机出来解决问题了。原来四维时空里的量子场论，在形式上与平衡态的统计物理很相像。特别是把时间轴在复数平面上再转 90 度之后，得到四维欧几里得空间中的场论，看起来完全成为求统计平均值的问题。这时，耦合常数形式上相当于温度，强耦合对应高温，而弱耦合对应低温。于是统计物理学中的许多概念和方法可以搬到粒子理论中来。难怪意大利的理论物理学家帕里希在 1980 年的国际高能物理会议上作报告时指出：量子场论已经成为统计物理学的特殊篇章。

早在 1974 年威尔逊就建议把连续的四维时空换成离散的晶格点阵，把量子场论变成统计物理中说明铁磁现象的自旋模型。由于引

入了晶格常数 a，相当于定义了有限的最大动量 $\Lambda = 1/a$，理论中原来
动量趋向无穷大时的"发散"困难自动消失。当然，人们还得下工
夫证明晶格常数趋近零时，确实可以回到连续的场论。由于量子色
动力学基于杨振宁-米尔斯的规范场理论。这一套做法被叫作格点规
范场理论或格点色动力学。

于是格点规范场成了吞食大量 CPU 时间的"计算老虎"。设想
从四维时空中取一块立方体，每边只留 10 个点，就有 10 000 个格点。
每个格点以及格点之间的键上根据所取对称的不同，可能有几个到
几十个场量。求统计平均时要对这些场量的一切可能的取值方式求
和。无论从计算时间和存储容量看，这都是耗费巨大的。人们采用
了我们在下一章里要介绍的"重要性抽样法"，在超级计算机上拼
掉成百上千小时，终于取得了不少鼓舞人心的结果。从计算结果可
以确有把握地看出来，标准的格点规范理论可以同时允许"夸克禁
闭"和"渐近自由"，而且在耦合强度的变化过程中不发生解除禁
闭的"相变"，一直到晶格常数趋近零，恢复连续的场论。而对于
量子电动力学情形，确实要发生一次"解除禁闭"的相变，因此在
实验中看得到电子。格点规范理论还可以计算强子的质量谱，因为
场论中计算质量，相当于统计模型中求关联长度。计算中只要调整
"裸"夸克质量这一个参数，就可以得出一批粒子的质量来。这类
计算比判断有无相变更费时间。

我们看到，"夸克禁闭"和"渐近自由"这些概念，虽然不是从
计算机中出来的。但是借助计算机的威力，人们才确信量子色动力
学作为强相互作用的理论，果然包含着这些合理的内容。2004 年渐
近自由概念的最初提出者获得了诺贝尔物理学奖。

格点规范理论的经验改变了粒子理论工作者的研究方式。他
们不再单纯依赖造价昂贵的大加速器上的实验结果，而且还可以
自己拿一块四维时空中的量子场，放到计算机中去"测量"。虽
然计算也要花钱，但比起建造加速器来，其成本不可同日而语。

美国能源部支持的全国范围的格点色动力学计算设备，仅在费米实验室一处就有 3 套计算机集群，分别具有 80、48 和 128 个节点。以 128 节点的集群为例，它的每个节点内有两个主频 2.4GHz 的奔腾 4 处理器，一组 DDR 内存和一块 Myrinet 网络接口。该集群的 Myrinet 网络开关允许 128 个节点中的 64 个在任何时刻进行双向通信。我们在第四章里已经介绍过，现在主频 3.6GHz 的 64 位处理器和带宽上 GHz 的 Infiniband 网络接口技术均已成熟，2005 年初每 100 万次浮点运算的成本已经接近 1 个美元，而 20 年前在 VAX11/780 上完成同样的计算量成本是百万美元，1990 年初降到 100 美元。

显然，高能物理领域的大规模计算，继续带动着计算技术的发展，为其他领域开辟了新的前景。

夸克理论获得成功的同时，又出现了新的问题。现在各种夸克和轻子的数目又变得太多了，需要在更深的层次上理解它们。这是一轮尚未充分展开的战斗，计算机必定要在理论和实验两方面都发挥更大的作用。

计算物理和实验数学的诞生

19 世纪中叶之前，物理学曾是完完全全的实验科学。力学中的理论问题，被认为是数学家们的事情。电磁理论的诞生，电磁现象和光现象的统一，开始显示理论思维的威力。19 世纪末，在当时处于世界物理学中心的德国大学里开始设置理论物理学教授的席位。普朗克后来回忆说，这种职位曾经被周围的人视为怪事："怎么，物理学还有理论？"

随着人类的认识能力深入到不能靠直觉把握的宇观、高速和微观现象，20 世纪初建立了狭义和广义相对论，以及量子力学这些深刻的物理理论。理论物理学成为物理学的重要组成部分，它立足于整个实验物理的总和，以演绎的方法用数学语言来解释和预见物理现象。到了 20 世纪中叶，物理学已经成为实验和理论密切结合的科学，理论物理工作者的人数也日益增多。"物理学是实验科学"，早就成为过时的片面提法。一般说来，只有在物理学比较落后的地方，才一再发生在"理论联系实际"的要求下取消理论研究的怪事，结果更加延缓了那里整个物理学和技术科学的发展。

20 世纪后半叶电子计算机的发展，既改变了理论物理的工作方式，也扩大了"实验"的含义。计算机实验模拟的作用也日益加强，这在第五章和本章中已有部分介绍。如果说，从前实验物理工作者的基本训练离不开电子学，而理论物理工作者必须懂得很多数学，那现在两方面的人都必须学习和使用电子计算机。不仅如此，还诞生了计算物理学这一新的分支学科，形成计算物理工作者的专门队伍。

计算的目的不是数字，而是洞察。计算物理学的目的不是计算，而是理解、预言和发现新的物理现象。在这一点上，它与传统的实验物理和理论物理没有什么不同，差别只在于工具和方法。物理学正在从实验和理论密切结合的学问，转变为鼎立于实验、理论、计算三大支柱上的科学。尽管人们对这种发展趋势还有各种看法，它已经成为历史定局，一定会有更多的年轻人涌入计算物理的新天地。

我国在 1982 年成立了计算物理学会，1984 年开始出版《计算物理》学术刊物，还系统地出版计算物理的专业丛书。虽然比国际上晚了近 20 年，但终究在"计算物理"的旗帜下起步前进了。虽然我国的计算物理，还带着浓厚的"计算"色彩，但它推动和发现新物理学的日子一定会到来。

顺便提一下，计算机对数学发展的影响从表面上看与物理学相反。计算数学早在电子计算机之前就由于工程和科学对数值计算的要求而开始发展。数学本身长期被理所当然地看作纯理论科学，就连"应用数学"也是经过许多优秀学者的奋斗才被承认。然而，近些年来不少数学家已经在热烈讨论"实验数学"的发展。人们把计算机作为数学实验室，不仅直接解决无法用解析方法处理的难题，寻求有助于抽象思维的特例或反例，而且还把它作为导致新发现和严格数学结果的工具。例如，1769 年尤拉的猜测："不可能找到 4 个整数，其 5 次方之和为另一整数的 5 次方"，就轻而易举地被计算机否定了，因为

$$27^5 + 84^5 + 110^5 + 133^5 = 144^5$$

著名的"四色问题"，即证明用四种颜色，就足以画出世界地图，使得相邻国家都用不同颜色区分，也是在计算机协助下才解决的。用计算机辅助证明数学定理，虽然一些正统数学家还不甘心承认，但也已经成为无法阻挡的发展方向。

生物信息学和计算生物学

生物是"物"，生物有"理"。21 世纪是"活物"和生命现象成为物理学研究对象的世纪，无论从实验、理论和计算看都是这样。生命科学正在步物理学的后尘，开始成为鼎立在实验、理论和计算三大支柱上的成熟的科学。

1953 年发现遗传信息的携带者 DNA 大分子的双螺旋结构，生物学进入了分子层次。几年之内就破译出地球上全部生物共有而例外极少的通用遗传密码。原来 DNA 中的基因密码要根据发育阶段和环境条件有选择地转录到名为 RNA 的单链大分子中。RNA 是制造蛋白质的图纸。蛋白质是生物功能的体现者。"DNA 转录成 RNA，RNA 翻译成蛋白质，蛋白质执行生物功能"——这是现代分子生物学的"中心法则"。

DNA 和 RNA 都是由 4 种单体，即以 a、c、g 和 t（或 u）代表的 4 种核苷酸聚合成的生物大分子。蛋白质是另一类由 20 种单体，即以 A、C、D、W 等表示的 20 种氨基酸聚合成的大分子。这两类大分子都可以写成一维、有方向、不分岔的符号序列。测定这些字母序列是从微观结构出发研究生物的第一步。从 1950 年代中期开始测

定蛋白质的氨基酸序列，但进展缓慢。1977 年发明了两种测定 DNA 中字母序列的方法，随后研制出自动测序的机器。同一时期，开始发展各种算法来分析 DNA 序列，识别基因和预测所编码的蛋白质的结构与功能。这就为 1980 年代中期提出、1990 年代初期开始实施的国际人类基因组计划准备了条件。

小小的大肠杆菌只有一条 DNA 序列，它是 4 百多万个字母排成的一个圆圈。每个人有 23 对即 46 条染色体；每条染色体都是"互补"的 DNA 双链，从一条链可按互补规则写出另一条链。46 条单链 DNA 总共包含 32 亿个核苷酸字母。所有地球人的基因组基本相同，同时任何个体之间平均每几百个字母就会有一处差异。

三大国际核酸数据库之一的 GenBank，在 2016 年 8 月中旬发布的第 215 版收存了 196 120 831 条 DNA 序列，核苷酸总数达到 217 971 437 647 个字母。它们来自约 20 万种生物，有的生物只有一条百多个字母的短段，有的却是数以亿计的"完全基因组"。由三大蛋白质数据库联合而成的统一蛋白质库 UniProt 在 2016 年 6 月底收藏着 124 万条蛋白质序列，而 RCSB PDB 蛋白质结构数据库里面有超过 12 万条由 X 光分析、核磁共振、冷冻电镜等各种方法确定的精确到原子坐标的结构数据。没有计算机的帮助，这些数字本身就不可能得到，更谈不上从中提取生物学知识。目前在人类一切科学和技术活动中，生物学是产生数据最多的领域，已经超过每年 10^{15} 字节，而且每日每时有增无减。这样大量数据所反映的"物理"，不可能不分钜细地在一切层次上同时把握。必须适当地粗粒化和视像化，从数据中依靠计算机和各种算法提取知识。于是，生物信息学在 1990 年左右伴随着基因组时代的到来应运而生。

举一个来自我们自己工作的实例。从病毒到大象，所有的遗传信息都是 4 个字母编码的"天书"。应当说，解读这些天书的工作刚刚开始。DNA 显然不是 4 个字母组成的随机序列。然而，只看单个字母分布，它们很难同随机序列区分。如果考察长度为 K 的短串的分布，就可以计入（$K-1$）个字母以内的"短程关联"，看到一些规律性。图 6.7 基因组中短串成分的 2 维视像图，给出 4 种基因组中长度为 8 的短串的分布（见文前彩图）。这样的短串总共可能有 $4^8 = 65\,536$ 种，把计数的结果在屏幕上布置成 $256 \times 256 = 65\,536$ 点的方阵。方阵最左上角的单元代表 *gggggggg* 这个串的数目，最右上角是 *cccccccc* 的数目，下面两个角是 *aaaaaaaa* 和 *tttttttt* 的数目。其他各个单元所代表的短串都可以按简单规则定出，这里不详述。

我们看到，彩图中 4 种基因组有着各不相同的图像。人的所有染色体都有类似的图案，主要反映基因组中 *cg* 的含量远少于本来就不多的 *gc*；这是遗传学中熟知的一类突变的后果。大肠杆菌和志贺氏痢疾杆菌都属于同一个肠道菌科，它们的 8-串分布也很接近。绘制这些彩图只用了包括黑、白在内的 16 种颜色。这是下一章里还要提到的"粗粒化"描述的实例。粗粒化突出了某些整体上的规律性，使用更多种颜色倒不一定能看得更清楚。从这些规律性还引申出一些属于组合学和语言学的数学问题并得到解决。解决"生物学启发的理论问题"，不一定从一开始就对生物或医学有直接意义，但只要是反映了客观存在的自然规律，就是对人类知识宝库的有益贡献。

细菌基因组中约 85% 以上的段落是编码蛋白质的，而人类基因组编码部分不足 3%。如何把这些基因编码找到，预测相应蛋白质的结构和功能是另一个层次的问题。DNA 中基因之间的大量序列，绝不全是无用的字母，它们包含着调控基因的时间（发育阶段）空间（所在组织和器官）表达的信息，目前只有很不完备的知识。寻找基因和各种控制信号，是生物信息学的重要课题。

再换一个不同层次的问题：细菌的亲缘关系和分类。高等动植物有许多形态特性可作为分类的依据。细菌的可供分类参考的形态特征少得多。在显微镜下看是球形叫球菌，棒状叫杆菌，弯弯曲曲叫螺旋菌，这些外表形状同它们的演化究竟有多少关系？细菌生活方式的差异，是厌氧、脱硫，还是固氮或产甲烷？这可能比形状更反映本质，但也很局限。以至细菌分类长期是一本糊涂账。然而，鉴定临床或环境中发现的菌种又是重要的实际课题。早在 1923 年就出版了著名的《伯杰细菌鉴定手册》，到 1994 年出了 9 版，几乎版版都声明只供鉴定参考，不做分类依据。直到 20 世纪 70 年代人们靠比较某些特定的 RNA 序列才开始了分子水平的研究，对细菌之间的亲缘关系有了较深的认识。

分子进化研究的重要成果之一，是发现原来所谓细菌分属两个"域"或"超界"：真细菌（现在就称为细菌）和古细菌（其实比细菌还新一些）。1980 年中期分出来另一套《伯杰细菌系统手册》，四大卷书集中反映几代细菌分类学家们的成果。新世纪伊始，《鉴定手册》还没有动静，《系统手册》的第 2 版，已经在 2012 年出齐。这 5 卷 8 册 8600 多页的巨著，是细菌分类学的最后一部纸质纪录。负责出版《手册》的伯杰基金会已经宣布，今后将只出电子版。事实上，电子版的框架文件也在 2015 年有偿上线。

1995 年第一次测出了两个细菌的完全基因组，10 年后已经有 200 多种细菌的 DNA 序列。人们曾经期望完全基因组数据会帮助改进已知的亲缘关系。谁知事与愿违，出现了更多亲源问题和关于基因横向转移的争论。在此背景下，我国学者建议了一种从全基因组数据出发，构建亲源树的办法。核心点是用一种弱的"马可夫假定"，即有限记忆效应假定，来减除所谓"中性突变"的貌似随机的影响，突出自然选择的效果。图 6.8 是从全基因组数据出发、不做任何取舍和"微调"，用计算机一举求得的 110 个细菌"属"的亲源树（见文前彩图），它代表了 2005 年 12 月底 GenBank 中的 214 个细菌（蓝色是真细菌，红色是古细菌），另外加了 8 种真核生物（绿色）作为参照。这棵树可以同最新版的《伯杰细菌系统手册》在线大纲（2004年 5 月）直接比较，符合甚好。细菌分类学家们真伟大！几代人、上百年的努力竟然同基因组水平的一次计算结果基本相同。

以上是生物信息学的几个实例。它们的共同特点是从大量的实际数据出发，用计算机和算法得出结果。还有另一些问题，要更多地从物理、化学知识出发，靠计算或模拟来加以认识。例如，蛋白质结构、特别是三维结构的预测，所谓蛋白质折叠问题。第四章里提到的 IBM "蓝基因"超级计算机，最初就是为计算蛋白质折叠问题而设计的。这样，我们就走进了计算生物学领域。

对计算生物学的巨大挑战，是细胞、组织、器官乃至生物个体的模拟。细胞是生命活动的基本单元。即使是一个单细胞生物，在它的简单细胞里也有成千上万种互相偶合着的生物化学反应在持续进行着。多数生化反应必须靠酶的催化才能高效快速地进行，而酶就是由基因编码的蛋白质产物。在实验室里进行"基因剔除"，可以了解酶的作用，但技术和成本都是可观的。如果能在计算机上模拟一个细胞里的全部偶合化学反应，那"剔除"某个基因，只需费敲键之劳。事实上，现在已经有一些细胞模拟软件在运行中。这些软件所用的模型大都过于简单。例如，把细胞作为反应物均匀分布的容器，不考虑细胞内的各种"细胞器"和"质网"，当然也就没有浓度差异。于是，只需处理偶合的常微分方程组。任何更为实际的模型都会导致偏微分方程组，相应的计算问题要远比三维风洞困难。很可能，下一章里要讲到的元胞自动机会在真正走到偏微分方程之前，帮助计入空间结构和不均匀性，使得模型更接近实际一些。

第七章
计算方法中的物理学

广义地说，计算也是一种物理过程，必须遵从基本的物理规律。特殊地说，借助物理考虑可以绕开或克服计算方法中出现的一些困难，甚至提出新的算法。物理工作者应当懂点计算方法，这在今天已经是没有争议的事情。我们在这一章里举几个例子，说明计算工作者懂一些物理学会有很多好处。

人工黏滞性

"投石击破水中天"，水波从落石处一圈圈地传播开来，传播速度是有限的。如果有一个物体在水面上用比水波快得多的速度行进，它所激起的水波根本来不及沿运动方向往前传播，就被物体超过了。从上方观察，物体后面拖着一个尖锥形的水波，波浪只能沿尖锥的边界扩展。这是一种"冲击波"。轮船在湖面上行驶，就拖着这样的冲击波尾巴。冲击波所到之处，原来平静的水面，突然开始大起大落。渔人的一叶扁舟，遇到这样的冲击，弄不好就会有覆舟之虞。

其实，冲击波是一种十分常见的现象。炮弹或喷气式飞机在空气中的飞行速度超过声速，同样会产生冲击波。这时飞行体后面的尖锥叫作马赫锥，尖锥的夹角称为马赫角，飞行速度超过声速的倍数称作马赫数。冲击波的"波前"处，压力或温度产生突变，或者说发生了不连续的变化。

然而，这种不连续给计算方法带来了困难。第二次世界大战后期和战后，为了研究原子弹爆炸引起的冲击波，以及炸药引信的爆轰波，人们曾经进行了大量的冲击波计算。理论模型稍微理想化一些，冲击波前的不连续跳跃就使常规的计算方法失效，轻则计算精度显著下降，重则出现"发散"和"不收敛"。只要想一下函数陡然上升或下降处，它的"导数"接近正无穷大或负无穷大，出现上述困难也就不足为奇了。

出路何在呢？现代计算机的创始人冯·诺伊曼当时与从事冲击波计算的人保持着密切联系，他出了一个物理主意：在理论模型中人为地加进一点黏滞性，把突变抹得圆滑一些，计算也就容易进行了。当然，要恰当调整黏滞性的大小，既保证计算得以进行，又不使物理结果失真。由于实际流体总是有黏滞性的，这种做法其实是很自然的。冯·诺伊曼建议的"人工黏滞性"方法，现在已经是计算数学中的常规技巧。

人为地加进黏滞或耗散，还可能用在其他计算课题中。例如，计算天线振子的辐射场，不可能把无限空间都纳入计算范围，而必须在离开天线一定远处加上"边界"，同时又要防止由"边界"反射回来的波，影响天线附近电磁场的计算精度。对于实际测量，这就要把天线放到四壁完全吸收电磁波、尽量没有反射波的"无线电暗室"中。而在计算方案中，就要加上完全吸收的边界。

列昂多维奇边界条件

既然在上一节最后提到了边界条件，我们就再讲一个借助物理考虑巧妙解决边界问题的实例。

决定电磁场的麦克斯韦方程和流体力学基本方程的边界条件来源很不同。流体力学方程的边界条件是"外加"的：流体不能进入墙壁，因此速度的法线（垂直）分量为零；黏滞液体最靠近边界的一层不能流动，因此速度的切线分量为零，等等。电磁波在真空和物质中无处不在，麦克斯韦方程也处处起作用。把方程限制到两种材料交界处的扁层中，可以自然地推导出边界条件。可以说，边界条件已经包含在方程之中。然而，这也带来了计算困难。

设想我们要计算金属谐振腔中的电磁场。是不是需要同时在腔体和金属中求解麦克斯韦方程，再把两边的解"缝合"起来？金属算到多厚为止呢？要不要把金属外面的空间也包括进来？问题可能变得很复杂。这时候物理考虑就大有用处了。

电磁场会在金属中诱导出电流。由于存在电阻，电流会在金属内部迅速衰减，电磁波不能进入金属深处，只存在一个薄层里。这是人们熟知的"趋肤效应"。谐振腔的计算最多做到"趋肤层"。不过，事情还可以更简单。

电磁波主要沿垂直于界面的方向迅速衰减，而平行于界面的分量则连续缓慢地变化。因此，无论以什么角度进入金属，金属内的电磁场都基本上是垂直于界面的平面波。互相垂直的电场分量 E_t 和磁场分量 H_t（下标 t 表示"切"）的大小成比例关系，比例系数就是金属的表面阻抗 $\sqrt{\mu / \varepsilon}$，其中 μ 和 ε 分别是磁导率和介电常数。正是由于切分量的连续性，谐振腔内紧靠金属边界的电磁场应当保持同样的关系。金属的表面阻抗可以独立地测量或计算出来，与具体的谐振腔问题没有关系。于是以表面阻抗相联系的场分量关系可以用作边界条件，计算中连趋肤层都不必考虑。

这就是苏联理论物理学家列昂多维奇在 1948 年建议的边界条件，它简化了许多谐振腔和波导管的计算。

本书作者深感流体力学方程的边界条件还有靠物理考虑加以改进的余地。例如，固体和液体界面的浸润效应，近若干年来从实验研究和理论分析增加了不少新的认识。如何把这些知识反映到宏观层次的流体动力学边界条件中，看来并未完全解决。

采样定理和测不准关系式

我们在第五章里已经讲过，观察连续变化的物理过程时，不可能把每一瞬间的状态参数都记录下来，只能每过一定时间间隔Δt采一次样

$$t_0, \quad t_1 = t_0 + \Delta t, \qquad t_2 = t_0 + 2\Delta t, \quad \cdots t_n, \quad \cdots$$
$$x_0, \quad x_1, \qquad\qquad x_2, \qquad\qquad \cdots x_n, \quad \cdots$$

这样采集到的时间序列，就是最初的原始数据，要对它们进行数据处理，提取刻画物理过程的各种特征量。时间序列不仅来自实际测量，还来自各种计算机实验。

一种基本的数据处理，是对时间序列作频谱分析，看看其中有哪些周期成分。有时周期成分本身就是所需的知识，有时却要剔除周期成分，剩下的变化才能说明问题。1976年7月唐山大地震后，有人试图利用"地磁反常"数据来预报地震。他们把北京等台站的地磁记录，减去地震活动比较平静的武汉台的记录，从差值中寻找"反常"和地震活动的联系。然而，地磁数据必定含有许多周期成分。日照角度的季节和昼夜变化会影响电离层的状态，月球位置通过海潮和固体潮改变地球物质分布，这些都会影响地表特定位置的地磁场数值。仔细剔除地磁数据中来自天文因素的周期成分后，事实上没有剩下任何可以置信的"反常"。这件细致的数据处理，中国科学院物理研究所王鼎盛等用了好几年工夫。最后完成时，业余爱好者的"地磁反常"热也已经凉下去了。

然而，用怎样的间隔Δt采样，才能反映客观存在的周期成分？如果Δt取得太大，显然不能反映在Δt之内已经重复多次的快变化。Δt取得太小，又必须积累很长的序列，才有希望看到长周期的慢变化。在实验室里和用计算机处理时间序列的人，都必须知道基本的

采样定理：对于固定的最小采样间隔Δt，能够反映的最高频率是

$$f_{max} = \frac{1}{2\Delta t}$$

类似地，以Δt间隔采了（$N+1$）个样点后，总的采样时间为$N\Delta t$。由于电子计算机不能保存和处理无穷长的时间序列，N只能是有限的大数。通常把N取成2的幂次，如1024、2048、4096等以适应"快速傅里叶变换"算法的要求（其计算时间比例于 $N\log N$）。$N\Delta t$，这个具有时间量纲的大数，倒过来又决定了一个"最小"的频率

$$f_{min} = \frac{1}{N\Delta t}$$

不过这个f_{min}是由于人为截断时间序列而引入的虚假成分，它并不存在于客观物理过程中。当然，客观过程中频率相当或低于f_{min}的慢变成分，也无法靠这样的N点采样看到。如果研究的对象恰好是这些慢变化，可以保持N而增大采样间隔Δt。更确切些说f_{min}是频谱分析中可以区分的两个相邻频率成分之差，也是数据处理时必须知道的一个特征量。

这样，我们看到采集时间序列时，采样点数N受到计算机能力的限制，而采样间隔Δt必须与客观过程中要反映的频率范围一致。通常要在这两种限制中寻求妥协，才能制订较好的采样方案。

一般说来，时间间隔Δt和频率范围Δf互相制约，此消彼长：

$$\Delta t \cdot \Delta f \sim 1$$

这是波动过程的普遍性质。在量子力学中，电子能量状态的变化，反映为放出或吸收光子的频率，两者差一个普朗克常数$\hbar$：

$$\Delta E = \hbar \Delta f$$

于是，上面的制约关系可以写成

$$\Delta t \cdot \Delta E \sim \hbar$$

这就是著名的海森堡"测不准关系"中的一个。另外的测不准关系存在于坐标x和动量p之间，例如，

$$\Delta x \cdot \Delta p \sim \hbar$$

只要承认了电子的波动性（德布罗意波），它也反映了波动现象空间周期和空间间隔的互相制约。

因此，我们看到，时间序列的采样定理和量子力学中的"测不准关系"，其间存在着相似性，它来自波动现象的共同性质。

由演化过程计算定态分布

在计算物理中有两大类常见的计算课题。一种是在固定条件下计算不随时间变化的物理状态分布。例如，边界上各处温度都给定，计算物体中各点的温度分布。这时要在一定边界条件下求解拉普拉斯方程

$$\Delta T = 0$$

这里拉普拉斯算子 Δ 代表三个导数之和

$$\Delta = \frac{\partial^2}{\partial x^2} + \frac{\partial^2}{\partial y^2} + \frac{\partial^2}{\partial z^2}$$

又如，当天线辐射场已经稳定下来之后，就不需要求解波动方程，而只需求解亥姆霍兹方程

$$(\Delta + k^2)\phi = 0$$

这里 ϕ 是电场或磁场的振幅。

另一种课题是从给定的初始状态出发，计算系统的时间演化过程，或是求最终达到什么状态。例如，刚出炉的钢锭的冷却过程，由热传导方程决定：

$$\frac{\partial T}{\partial t} = k\Delta T$$

式中 k 是热传导系数。天线振子附近辐射场的建立过程，由波动方程描述。

上面提到的各种方程，在微分方程理论中分属不同类型。描述定态分布的拉普拉斯方程和亥姆霍兹方程属于椭圆型；刻画不可逆的热传导过程的方程属于抛物型；而反映可逆的波传播过程的波动

方程，属于双曲型。这些方程的样子看起来很简单，但在一定的区域和边界条件下求解，却是相当复杂的事。100多年来，许多数学家和物理学家对于这些方程的解法做了不少贡献。有了电子计算机之后，又出现了一种新的选择。或是先用人工对问题作解析处理，使它成为式子虽然复杂，但计算起来较快的形式；或是尽量保持问题的自然形式，使计算过程接近或模拟客观的演化过程。这样，通常可以使程序简单，减少人的工作量，但增加计算时间。读者不难想象，这后一种做法会随着计算技术的发展而变得日益普及。

由于物理问题的不可逆性，用求解抛物型方程的演化过程来达到椭圆型方程的定态分布，演化过程是唯一的，比较容易求解。20世纪60年代以来已经有过许多成功经验。

双曲型的波动方程描述可逆的波传播定态。对于从"中心"出发的天线辐射场问题，它自动地包含着向外散播和向内汇聚的两种解。对于一维的传播问题，它自然包含着向左和向右两个方向的解。具体求解时，要选出向外或向一定方向传播的波，实际上就是从两种汉克尔函数或指数函数中留下一种。这叫作索末菲边界条件或辐射条件。手工做解析计算时这很容易做到。可是如何在数值计算中暗示计算机留下正确的解呢？比这更简单的情形，例如在半无穷区间上解常微分方程，留下在无穷远处不发散的解，也是手工容易而数值并不平庸的问题。

对于天线辐射问题，可以设想合乎物理的解决办法。例如在无穷远（实际在足够远）处加完全吸收的边界，使电磁波不能反射回来。

这本小册子的作者之一，在20世纪70年代初用求解一阶双曲型麦克斯韦方程的演化过程，来获得亥姆霍兹方程的定态解，回避了索末菲边界条件，获得了成功。这一思想很容易推广到其他情形。例如，通过解一个常微分方程，求解某种高次代数方程或超越方程；通过计算一个随机过程的长时间行为，求定态统计分布等。

总之，模拟物理过程的发展，可以提供很自然的计算方法。它不仅给出与时间有关的过渡结构，有时还可以得到长时间的定态分布，同时回避开直接计算定态分布会遇到的困难。

差分格式里的物理

上一节里提到和没有提到的各式各样的微分方程，真正用数值方法求解时都必须先离散化，变成差分方程。我们看一个似乎平庸的例子：简单谐振子的微分方程

$$\frac{\mathrm{d}^2\varphi(t)}{\mathrm{d}t^2}+\omega^2\varphi(t)=0$$

这是一个线性方程，它的解可以根本不动用计算机而直接写出来

$$\varphi(t)=A\sin\omega t+B\cos\omega t$$

其中常数 A 和 B 由 $t=0$ 时的初始条件决定。假定我们现在硬要用数值方法求解这个方程，把 $\mathrm{d}t$ 换成 $\Delta t\equiv\tau$，这里 τ 是时间步长。于是连续变化的时间随着 $i=0$，1，$\cdots$ 而步进：$t=t_0+i\cdot\tau$，相应的第 i 时刻的一阶微分可以变成 $(\varphi_{i+1}-\varphi_{i-1})/\tau$，等等。为了保证时间步长 $\tau\to0$ 时差分方程的解真正回到微分方程的解，计算数学家们发展了许多方法，而且编成各种函数库供用户在程序中调用。

有一种解微分方程的著名方法叫作龙格-库塔法，几乎任何算法程序库里都提供了不同"阶"的龙格-库塔函数，使用 n 阶算法时数值解对精确解的局部偏离比例于 τ^{n+1}，当 $\tau\to0$ 时局部误差迅速趋近零。于是天下太平，万事大吉！让我们调用一个标准的 2 阶龙格-库塔函数进行计算，并且步步同原来就知道的精确解比较。一开始果然没有问题。然而让我们坚持很长很长时间的计算，原来的精确解是周期函数，周而复始，旧调不断重弹。可是数值解却逐渐出现系统偏离，甚至越来越小，趋向于零。问题出在哪里？龙格-库塔并没有出问题，它保证的只是局部逼近，而长期解是全局行为。原来微分方程有一些重要的保守性质，离散化过程中如果不慎重处理就可

能丢失，进而影响解的全局性质。

我国计算数学的大师，已故的冯康先生曾经强调指出，同一个物理问题可能有多种数学上等价的表示，同一种数学表示用不同方法离散化可能导致并不等价的数值计算后果。简单谐振子方程是一个保守的牛顿力学方程，它同一切保守的牛顿方程一样具有一种基本的对称性——辛对称。这里"辛"是从英文 symplectic 翻译出来的音意兼顾的数学名词。我们不作解释，只引用当代数学大家阿诺德的话"牛顿力学就是辛几何学"来说明这个概念的重要性。

前面特别提到 2 阶龙格-库塔方法，是因为 2 阶的工作公式比较简单，任何有一定数理训练的人都可以自己推导出来。仔细考察所得到的差分方程，可以发现两个原来方程里面没有的新性质：第一，频率不再是原来的常数 ω ，而有了极慢的"漂移"；第二，出现了使数值解逐渐消失的衰减因子。究其原因，概在于龙格-库塔方法未能保持原方程的辛对称。

冯康和他的弟子们建议了"保辛""保面积""保体积"等各种差分格式，发展了离散化时保持原有问题对称性的一般理论。这是我国学者对计算数学的重大贡献。

一般说来，同一个问题的离散表示比连续表示内容丰富。一个时空连续的问题可以有多种离散化方案，它们可能在时间和空间步长取零极限时，趋向不同的连续极限，导致原有连续问题所不具备的性质。其实，第六章里提到的一维映射中的混沌现象，就是这样。还有格点规范场理论或格点色动力学，也有同样的问题。人们不得不花大力气研究和保证它们具有正确的连续极限。

元胞自动机和格子流体力学

自然界里许多复杂的结构和过程，追根究底只是由大量基本组成单元的简单相互作用引起的。多年以来，人们用名为"元胞自动机"（Cellular Automaton，简称 CA）的数学模型来模拟这些复杂行为。这是不同于第五章介绍的计算机代数 CA 的另一种 CA。

一维的 CA 就是在一条线上排 N 个位置，允许每个位置处于 M 种状态之一，然后给定一条只涉及几个邻近位置的生成规则，来决定整条线在下一时刻的状态。假定每个位置只取 0 和 1 两种状态（$M = 2$）。每个位置在下一时刻的状态，只由它本身和左右两个邻居在此刻的状态规定。一共有八种可能性，例如，可以具体规定

111　110　101　100　011　010　001　000

↓　　↓　　↓　　↓　　↓　　↓　　↓　　↓

0　　0　　0　　1　　0　　1　　1　　0

在上面这一套具体规则中，固定第一行中的排列顺序，把第二行中的二进制数当做一个数读出来，是十进制数 22

$$22_{10} = 00010110_2$$

于是，这条规则就叫作规则 22。然后，从有规或无规排列的一条初始线出发，可以得到今后的时间演化图案（见图 7.1）。

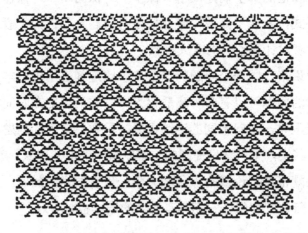

图 7.1　一维 CA 的演化图形示例（按规则 22 由随机初值得到）

这些简单规则的特点可以概括为"三离散"和"两局部"：离散的空间位置，离散的时间步子，离散的状态；局部的相互作用，新状态只由几个近邻决定；局部的记忆效应，当前状态只由前一个

（或几个）时刻决定，而不受整个历史影响。然而，它们的演化过程却可能多种多样：从简单的衰减消亡，到进入周期运动或固定不变的状态，甚至发展成混沌运动。人们相信但是长期未能证明，用各种 CA 可以模拟任何复杂程度的演化过程，从简单的不动点到 NP 完备问题（见本章后面）。特别是 CA 的大力推动者沃佛莱姆早在 1983 年就猜测，第 110 号规则

$$110_{10} = 01101110_2$$

可以完成与图灵计算机等价的万能计算。直到 1994 年沃佛莱姆和一位助手才宣称证明了这一论断。证明的细节拖了 10 年也没有完全发表，据说涉及专利申请，因为解析推导软件 Mathematica 中的随机数发生器现在已经基于第 110 规则。

类似的 CA 模型可以推广到平面、三维或更高维的空间。近些年最重要的进展，就是发现有几类 CA 模型可以用来模拟流体的运动。大家知道，世界各主要国家每年花大量资金从事流体计算（包括流体力学，空气动力学，电磁流体力学和辐射流体力学等），这是为了满足航天、航空、军事、气象等各方面的要求。然而，真正模拟现实条件的三维流体计算，至今仍是可以"累倒"巨型机的难题。

"山重水复疑无路，柳暗花明又一村"。元胞自动机的研究开辟了高速进行流体力学计算的新途径，它又同多处理器的大规模并行计算机的设计思想一致。因此，我们再专门讲几句话。

抛开连续的流体力学的偏微分方程，采用离散的 CA 模型直接模拟粒子的运动和碰撞，竟然惟妙惟肖地得到了某些湍流的图像。在简单的正方或立方格子上做计算，曾经遇到不能统一满足动量守恒的困难。这个问题因采用六角格子迎刃而解。作为数学模型，这些计算可以在经典的冯·诺伊曼计算机上进行。然而，元胞自动机的基本结构，很适宜直接用硬件实现。在 4×4 的小阵列计算机上作二维流体力学计算，就获得比当年 CRAY XMP 巨型机快 1000 倍的效果。有人建议过组装 1024×1024 即 100 万个 CPU 的 CA 计算机，

估计用它从事二维和三维流体力学的计算，速度可以比 CRAY XMP 快几十万倍。2005 年百万处理器的"蓝基因"超级计算机的小样机已经装在美国的研制武器的实验室里，我们只能猜测它在算什么。

早就知道，基于连续介质模型的流体力学方程不能直接用到十分稀薄的气体，例如导弹再入大气层的条件。那时要回到决定气体分子密度分布的玻尔兹曼方程。借助 CA 思想，在离散的格子上求解玻尔茨曼方程，也获得了成功。

无论如何，不久的将来三维风洞中的许多实验都会搬到荧光屏上进行。这就允许同时获取大量参数，随时对实验条件和被测模型进行修正。这样一定会大为缩短许多航天器和导弹的设计过程，也会普及到民用的流体计算。格子流体已经成为计算流体力学的新篇章。

总之，元胞自动机的思想提供了一套模拟复杂系统的模型，启发了新的算法，并且与并行的超级计算机在结构上自然一致。今后，对于生物细胞、组织和器官的模拟也要发挥 CA 的威力。

重要性抽样法

上一节末尾，我们提到可以通过计算随机过程的长时间行为，求定态统计分布。其实，这是一套行之有效的处理复杂问题的方法，早已成为活跃的专门领域。统计抽样方法就像赌徒掷骰子一样，要不断靠随机产生的数字来做出决定。因此，人们往往借用欧洲赌城蒙特卡洛的名字，称这种做法为蒙特卡洛方法。

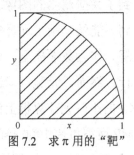
图 7.2 求 π 用的"靶"

蒙特卡洛方法的基本思想很简单。假定我们有一个子程序，可以随机地产生均匀分布在 0 和 1 之间的数。事实上不可能写出来这样的子程序，但是可以作得很接近它。这样的子程序，通常叫做"伪随机数发生器"。利用伪随机数发生器可以很简单地估算圆周率 π 的数值。

在边长为 1 的单位正方形中，画 1/4 个半径为 1 的圆（图 7.2）。用随机数发生器可以产生均匀分布在正方形中的点，其中一部分落在圆内，一部分落在圆外。落在圆内的概率 p，等于扇形面积 $A_1 = \pi/4$ 和正方形面积 $A_2 = 1$ 之比，即 $p = A_1/A_2 = \pi/4$。于是 $\pi = 4p$。假定我们产生了 N 个点来"打靶"，其中有 M 个落到圆内，于是当 N 很大时，M 和 N 的比值趋向概率 p，也就是说 $p \approx M/N$。

任何有机会使用计算机的读者都可以编个小程序自己试一试。我们用 BASIC 语言写一段程序：

```
10X = RND（-1）
15N = 0
20M = 0
25K = 0
30N = N + 1
35X = RND
40Y = RND
45Z = X×X + Y×Y
50IF（Z<=1）THEN M = M + 1
60IF（K = 0）THEN PRINT N，M，4×M/N
65K = K + 1
70IF（K = 1000）THEN GOTO 25
80 GOTO 30
90 END
```

这是本书中给出的唯一的程序。它是如此简单，以致没有学过 BASIC 语言的人也不难看懂，而且从中可以领会一些程序设计的精神。RND 是前面提到的产生伪随机数的函数，它在不同的计算机上可能名字和用法稍有差别，这里要求第一次调用时写 RND（-1），以便做一些初始准备。这个程序每"打靶"1000 次印出一次累计结果。它没完没了地往下算，必须由用户强行打断。

表 7.1　用蒙特卡洛法打靶求 π 的结果

N	M	4×M/N
1	1	4
1001	777	3.104 895
2001	1551	3.100 45
3001	2333	3.109 63
4001	3129	3.128 218
5001	3900	3.119 376
6001	4715	3.142 81
7001	5479	3.130 41
8001	6265	3.132 109
9001	7028	3.123 209
10001	7817	3.126 487

表 7.1 中给出前几行计算结果。读者自己得到的数字会有所不同，但有一点是共同的：必须打靶很多次，才能得出较好的结果。如果随机数发生器的质量不够好，打靶次数增多时结果并不能再改进。蒙特卡洛方法中会遇到的种种细致问题，我们不在此讨论。

然而，如果事情到此为止，那就只有一点概率论，并没有多少物理学。蒙特卡洛方法的特点，是计算程序简单，但必须大量采样，才能得到比较精确的结果。如果采样时着重取那些有重要贡献的状态，自然会快一些达到较好的结果。这就要依靠物理考虑了。我们结合一种最简单的统计物理模型，介绍一下现在有着广泛应用的"重要性抽样法"。

大家知道，铁磁体在一定温度（居里点）之下才具有磁性，温度上升到居里点时磁性突然消失。德国物理学家楞茨在 1920 年建议了一个简单模型：在晶体的每一个格点 i 上放一个磁矩 σ_i，它可以取向上（$\sigma_i = +1$）或向下（$\sigma_i = -1$）两种值。相邻的两个磁矩之间的相互作用能量写成 $-J\sigma_i\sigma_j$，J 是一个代表相互作用强度的正数；忽略掉最近邻以外的一切远邻作用。于是，两个邻居并行（即同时向上或向下）时，能量为 $-J$，反平行时能量为 $+J$。由于 $J > 0$，近邻

平行时能量更低一些。+1 和 −1 在格点上的一种具体分布方式我们记作 σ。例如

$\sigma = (1,\ 1,\ -1,\ -1,\ -1,\ 1,\ -1,\ -1,\ 1,\ 1,\ -1,\ 1,\ -1,\ \cdots)$.

这种微观状态的能量是

$$E(\sigma) = -J\sum_{\{ij\}}\sigma_i\sigma_j$$

其中 $\{ij\}$ 表示按成对的最近邻求和。

一般说来，物理系统愿意处在能量最低的状态。但由于热运动的存在，不能精确地做到这一点。宏观状态是对大量微观状态的平均。微观状态 σ 的概率比例于著名的玻尔兹曼因子 $e^{-E(\sigma)/kT}$。kT 具有能量的量纲，大致相当于一个运动自由度所分配到的热运动能量。我们在第八章还要用到这个 kT。

统计物理学中证明，只要对一切可能的状态 $\{\sigma\}$ 求和，得到

$$Z = \sum_{\{\sigma\}} e^{\frac{-E(\sigma)}{kT}}$$

就可以计算出其他的物理性质。当年楞茨把这个问题交给他的学生伊辛作博士论文。对于一维和二维的晶格，伊辛模型可以解析地算出来。对于三维晶格，或者有外加磁场的二维晶格，伊辛模型的严格解仍是近百年来未解的悬案。为了把模型的物理性质弄清楚，办法之一是求助于数值计算。原则上有许多可能的算法：

第一，硬算。对于固定的 kT，把一切 $\{\sigma\}$ 都加起来。假定三维晶格每边只取 100 个点，共计 100 万个格点。每个格点有上下两种取向，于是共有 $1\,000\,000^2 = 10^{12}$ 种不同的状态。对这么多状态求和，需要极为强大的计算机。

第二，用蒙特卡洛方法，随机地从上述状态中抽取一批来进行估计。抽样数目越多，估计也越准，计算量仍然不算少。

第三，从物理系统倾向于能量较低的状态，而热运动又妨碍它准确落入最低态的物理图像出发，采用重要性抽样法来做估计。具体算起来倒很简单。

先选取一个初始状态 σ_o 由 σ 出发，产生一个新状态 σ'（通常是令某一个磁矩翻转，即在某一个点 i 把 σ_i 变个符号）。把 $E(\sigma)$ 和 $E(\sigma')$ 都算出来。如果 $E(\sigma') < E(\sigma)$，新状态 σ' 的能量较低，因而要作为"重要"状态，保留在求和中。

如果 $E(\sigma') > E(\sigma)$，不能简单地扔掉 σ'，否则就完全忽略了热运动的影响。这时两个玻尔兹曼因子的比值

$$\tau = e^{-[E(\sigma') - E(\sigma)]/kT}$$

总是一个小于 1 的数。用随机数发生器产生一个 0 和 1 之间的随机数 ξ。如果 $\tau > \xi$，σ' 还算是"重要"的，要保留下来；只有 $\tau < \xi$ 时，才抛弃 σ'，仍然用原来的 σ。采用这种重要性抽样法后，计算量显著减少。

重要性抽样法，是在洛斯·阿拉莫斯实验室的卡片计算机和世界上第一台电子计算机上工作过的米特罗包利斯和同事们一起在 1953 年建议的。半个多世纪以来已经发展出许多变种，成了一套专门技术。感兴趣的读者可以去查阅有关书籍。

遗 传 算 法

上一节中介绍了用随机采样的方法寻求铁磁体能量最低的状态。这是以能量为目标函数的优化问题。方法的实质是在无比巨大的状态空间中，以随机漫步方式尝试寻找能量最小的点。一般说来，状态空间的"地貌"十分复杂，有许许多多局部的能量极小点。求解的过程往往在某个极小点附近长期徘徊，很难到达真正的能量最低点。重要性采样法借助一些不必每步都往低处走的涨落，避免过多地徘徊不前。

水往低处流，人往高处走。物竞天择，适者生存。生物演化可以看作是以适应性为目标函数，寻求其取值最大的状态。早在 20 世纪六七十年代，人们在达尔文演化论的启发下提出了模拟生物进化

过程求解优化问题的算法。实现演化算法的方案很多，以贺兰德
（J.H.Holland，1929—2015）建议的遗传算法最为著名。我们极为简
化地介绍一下它的基本思想。

第一，定义一个由大量"染色体"组成的初始群体世代。每个
"染色体"可能是一串二进制的 0 和 1，也可能是从 1 到 N 这些数
的一种排列，也可能是代表某种结构的一个树图。这要由问题本身
决定。

第二，定义一个与问题对应的适应性函数。

第三，把当前世代的每个染色体作为适应性函数的自变量，计
算出适应性的值。把所有染色体按适应性从大到小排出顺序。

第四，按如下办法产生下一个群体世代：从适应性高的染色体
中取若干对作为"父母"，令每对染色体在某些位点进行"重组"，
在重组结果中做少量"突变"，然后令其进入子代。适应性最高的
一对和随机选取的个别对可能不进行重组和突变就进入子代。把这
个新产生的子代作为当前世代。

第五，检查是否满足优化的终止判据。如满足，停止计算。如
不满足，转向前面"第三"，继续计算。

上面提到的染色体定义、重组、突变，以及群体大小、父母对
的选取等，都有多种具体实现的方案，我们忽略了全部细节。整个
做法的目的就是要避免陷入局部极大而徘徊不前，尽可能有效地搜
索较大的解空间区域。

还可以进一步把遗传算法用到程序本身，让程序演化到更优的
状态。这种方法叫作遗传程序设计，它是演化算法的一种。

NP 完备问题和"自旋玻璃"

科学技术中遇到的许多计算问题，都有一个刻画问题规模的特
征数 N。例如，矩阵的阶数，网络中的结点数，蛋白质模拟中涉及的

原子数目等。计算时间随 N 变大以一定方式增长。如果所需时间是 N 的幂次或多项式，例如比例于 N、$N\log N$、N^2、N^3 等，那还有希望在目前的电子计算机上求解。相应的方法常称为"多项式时间的算法"或简称多项式算法。如果计算时间随 N 指数上升，例如比例于 2^N、e^N、3^{N^2} 等，相应的算法称为"指数时间算法"；只要 N 比较大，就不可能用现有的计算机在有限的时间内算出来。

早就知道有一大类互相等价的问题，它们具有以下的共同特点：

第一，这些问题中的任何一个都可以用多项式算法转换成另一个，因此它们是等价的。

第二，如果明确知道或猜到了答案，则这个答案只要用多项式时间就可以演示。如果想把一切可能性都历数一遍，从中挑出所要的答案，那就需要用指数时间。

第三，迄今没有为任何一个这类问题找到多项式算法。自然，只要找到一个这样的算法，其他问题原则上也就解决了。

这类问题因为具有上面第二条性质而称作 NP 问题。NP 的意思是"不确定的多项式（算法）"（Nondeterministic Polynomial），而不是"非多项式"算法。虽然演示已知的解只需要多项式时间，但没有确定的方法得到这个解。如果再加上第一条要求，证明一切其他 NP 问题都可以转变为这个特定的 NP 问题，后者就称作 NP 完备问题。

目前已知有上千个 NP 完备问题。我们举一个最简单的例子。给定一批数字和一个特定的数，问是否可从这批数中选出一部分来，它们相加之和等于那个特定的数。如给定 4，7，13，18，25，32，42，49 和特定数 89。答案为"是"，因为

$$4 + 18 + 25 + 42 = 89$$

如果特定数是 90，答案为"否"。注意，这里的答案为"是"或"否"，最后一行等式只是用来演示"是"这个答案。答案为"是"或"否"

的问题，一般称为"识别问题"。NP完备问题还与优化问题有密切关系，因为许多优化问题都连带提出一些识别问题（如果要求从上面那批数字中挑出一个子集，它们的和最大，但又不超过特定数，这就成了一个优化问题）。一般说来，优化问题至少和相应的识别问题同样困难。由此可见，NP完备问题有重要的实际意义。

目前计算科学家们大都认为不可能为NP完备问题找到有效的多项式算法。人们只好用各种试探方法求解，诸如用小规模的同类问题尝试，试解一些有意义的特殊情况等。然而，纯数学思维无能为力的地方，物理学家们就可以大显身手了。这次，是自旋玻璃的研究给人们以启示。

"自旋玻璃"不是"自己会旋转的玻璃"，而是一种新的磁性材料。早在20世纪30年代，我国前辈物理学家施汝为、潘孝硕就先后研究过在金、铜等非磁性金属中，掺少量铁、锰等磁性杂质后的性质变化。不过限于当时能够达到的低温条件，他们未能有突破性的进展。后人在液氦温度（绝对温度4.2K）附近研究同类材料时，才发现了一些新的性质。原来磁性原子（或者说"自旋"）在极低温度下有两种可能的排列方式。如果两个自旋取向相同时能量较低，大家就都指向同一方向，形成铁磁体。如果两个相邻自旋取向相反能量更低，则导致正反相间的反铁磁排列。这都发生在磁性原子排成的规整晶格中。然而，在金铁或金锰系统中，磁性原子只是随机分布的杂质，它们之间的相互作用在一定距离上是铁磁的，而在另一些距离上又是反铁磁的。这就全乱套了，怎样排列才使能量最低呢？

大家知道，普通玻璃中的原子不是排成晶格点阵，而是更像液体那样无序。无序的磁性杂质使相应的合金成为"自旋玻璃"。物理学家们花了很大力量研究自旋玻璃的基态，即温度极低时使能量最小的自旋排列方式。这仍是一个至今尚未完全解决的难题。可是在物理学家手中却找到了一些有效的近似方法，其中包括基于上一节中介绍的蒙特·卡罗方法的"模拟退火"法。

无巧不成书。一种最常用的自旋玻璃模型的基态问题，竟然是 NP 完备问题！于是"模拟退火"成了试探某些 NP 完备问题的有效方法。其实，只要想一下磁性材料的基态问题就是找能量最小的自旋排列，这也是一种优化问题，自旋玻璃和 NP 完备问题的联系也就不那么奇怪了。沿着这一方向的活跃研究，使得统计物理和计算科学的关系也更为密切了。

计算时间或所需存储容量与问题规模 N 的关系，属于计算复杂性领域。这是计算机科学的内容，已经有不少专著和刊物，我们也不再赘述。同物理学关系更密切的是可算性、有限性和复杂性问题。

可算性、有限性和递归

什么样的数学问题可以自动地、机械地计算出答案？这是一个不容易回答的具有原则性和普遍性的问题。如果答案依赖于使用什么样的计算工具，那就要先对工具进行描述和分类，再针对每一类工具寻求答案。这样一来，就失去了普遍性。最具普遍性的计算机应当没有任何智力，只会做有限几种基本操作，例如开始、停止、加、减、乘、除、判断大小、依次或改变做事的步骤，等等。如何实现这样的机器以及它的计算速度快慢都没有原则意义。这可以是一个手持铅笔和白纸，除了知道做上面提到的简单操作别无任何数学训练的人。也可以是齿轮和转轴组成的机械。其实，为了说明问题，写在纸面上的几条定义就够了。1936 年，24 岁的图灵为了回答可计算性问题，定义了这种通用的万能计算机。我们在下一节里再描述图灵计算机，现在先看一下如何在这样的机器上进行计算。

任何数学问题都应当分解成一系列机器会执行的操作。例如，我们想计算正实数 a 的平方根 r，即从 a 出发计算出 r，使得 $a - r^2 = 0$。可以设想以下的计算步骤：

第一，给定 a，随意猜一个"平方根"，例如取 $r_0 = a/2$。如果我们的运气很好，立刻得到 $a - r_0^2 = 0$，那问题就解决了。答案是 r_0。

第二，如果 $a - r_0^2 \neq 0$，那就有两种可能性。或者 r_0 猜得比真正的平方根小，那么 a/r_0 就比真正的平方根大；或者 r_0 猜得比真正的平方根大，那么 a/r_0 就比真正的平方根小。两种情形下只要取 r_0 和 a/r_0 的平均值，就一定比原来猜测的 r_0 好。我们用 $(r_0 + a/r_0)/2$ 代替 r_0，重复以上步骤，得到更好的近似平方根。

如此不断重复，结果越来越好，何时结束呢？这就引出了与可算性密切相关的有限性问题。首先，总的计算步骤必须有限。否则在任何快速计算机上也得不到最终答案。其次，只有极为稀少的特例能够在有限步内得到精确答案。一般情形下必须满足于一定的精度，才能适可而止、结束计算。任何计算必须规定这个有限的计算精度，作为结束计算的条件。我们用小正数 ε 来代表这个精度，它可以是 10^{-6}，也可以是 10^{-20}，由实际问题本身决定。

现在把计算步骤重写一遍：

第一，给定 a 和 ε，取 $r_0 = a/2$ 作为平方根的猜测值。

第二，如果 $|a - r_0^2| < \varepsilon$，$r_0$ 就是答案。结束计算，转到"第四"。

第三，如果 $|a - r_0^2| > \varepsilon$，取 $(r_0 + a/r_0)/2$ 作为新的 r_0。转到上面"第二"，继续计算。

第四，打印答案 r_0。

就像这样简单的四行，概括了"递归"算法的精髓。第一行是递归的准备工作。第二行是递归开始，以及结束条件。第三行是递归主体，看起来一成不变的手续，暗含有规律的变化，在这里是用新算出的数代替原有的 r_0。第四行是递归结束后的收尾。

在这个实例中，没有明显地定义递归函数。递归函数的最简单的例子是计算整数 N 的阶乘 $f(N) = N!$。阶乘的显式定义是：

$$f(N) = 1 \times 2 \times 3 \times \cdots \times (N-1) \times N$$

具体化时要根据 N 的数值来决定乘法操作的次数，写出来至少有两三行。使用递归函数时，就只剩下一句话：如果 $N = 0$ 则 $f(N) = 1$，否

则 $f(N) = N \times f(N-1)$。递归结束条件和递归主体都包含在这一句话里。

正确的递归结束条件保证了有限的递归深度。否则递归会无限制地继续下去，在总内存有限的计算机上导致"堆栈溢出"。关于堆栈，请参看下一节。

1936 年另一位数学家丘奇用递归函数作为工具提出了可计算性的判据。可以证明，丘奇与图灵的判据是等价的，现在通称为图灵-丘奇论断。

语言和计算机的复杂性

人类对自然界的知识总和，可以比做两头尖锐、中间粗大的纺锤体。从一个尖端到另一个尖端的中轴线，代表时间或空间尺度。在 21 世纪初，从高能粒子到宇宙天体，实际观测和理论分析所及的时空尺度跨越 40 个数量级以上。科学研究这一人类特有的社会现象，使得纺锤体积与时俱增。知识的前沿在哪里？对应两个尖端的微观世界和茫茫宇宙被社会和政府所公认，而人们往往忽视近在身边的最大的知识前沿，那就是尺度与人类自身相当的宏观世界。事实上，有幸直接从事微观和宇观研究的人数越来越少，绝大多数科学和技术工作者集中在与社会生产和日常生活关系最为密切的宏观层次。

什么是广义的宏观物理学的核心问题？认识和刻画复杂性肯定是一个关键课题。复杂性与特殊性相伴相随。时髦的"复杂性科学"意图包罗万象的空泛议论不会带来真正的新知。具体问题具体分析，从特殊性中抽提普遍性，永远是科学研究的不二法门。半个多世纪以来计算机和计算机科学的发展，给予我们认识复杂性的一个良好范例。本节就专门讨论语言复杂性和自动机复杂性问题。不过我们要先提一下深刻而不能操作的算法复杂性问题。

20 世纪 60 年代中期苏联的概率论大师柯尔莫哥洛夫和美国的高

中学生柴亭同时独立地提出和回答了如下问题：给定由 N 个二进制
数 0 和 1 组成的序列，例如

$$01001010010101110100100101011110100010\cdots$$

问这个序列是否复杂。为了定义复杂性，要求编写一个程序来产生
给定的序列。用什么样的语言来编写，在什么样的计算机上来运行？
只要挑选一切可能程序中最短的程序，在万能的图灵计算机上、即
纸上谈兵地运行。这个程序输入计算机之后，在存储器里也是一批 0
和 1。数一下给定数列和所编程序各包含了多少个二进制数，记为
$M_{sequence}$ 和 $M_{program}$。这两个数之比就定义了序列的复杂性。更确切些，
还需要考虑 $N \to \infty$ 的极限。如果这个极限存在，它就定义了算法复
杂性 C：

$$C = \lim_{N \to \infty} \frac{M_{program}}{M_{sequence}}$$

定义的实质是序列中的每一位数平均在程序中用多少位数来产生。
如果序列有一定的规律可循，程序就可以短一些，$C < 1$。如果无规
律可言，那就只好把给定的序列抄一遍，在前面加上"打印"二字。
于是程序长度就等于序列长度加上指令系统中表示"打印"操作的
二进制位数。在取了 $N \to \infty$ 极限后，打印操作根本没有贡献，于是
$C = 1$。这是最复杂的序列。

　　细想之下不难明白，这其实不是复杂性而是随机数的一种深刻
定义。没有任何规律可循的数列就是一个随机数。逻辑上完全正确，
然而无法操作。简单的规律性如周期性，一目了然。问题在于"否
定"。怎么为任意给定序列证明，不存在使 $C < 1$ 的最短程序呢？原
则上没有办法。算法复杂性的研究引出了一系列深刻问题。例如，
在 [0, 1] 区间上所有的实数中有多少是上述意义的随机数？（那答
案是比比皆是，同实数本身一样多。）我们不能离题太远，还是回
到语言和自动机的复杂性。

　　早在 20 世纪 50 年代中期算法语言刚刚出现的时候，人们就提

出了一个原则性的问题：一个用算法语言写出的程序会不会因为过于复杂而不能在特定的计算机上实现？这实际上是语言的复杂性问题，程序只不过是合乎语法的一篇文字。只要计算机能够接受相应的语法，正确写出的程序就应当顺利执行。算法语言是一种形式语言。问题归结为形式语言的复杂性分类。

什么是形式语言？它比人们讲话用的自然语言简单得多。首先要定义允许使用的字母集合 Σ。例如，Σ 是 26 个罗马字母（不区分大小写字母），再加上 +、-、×、/、=、≠、≥、≤、≡等数学符号。又如 Σ 是构成 DNA 大分子的 4 种核苷酸 A、C、G 和 T。用 Σ 中的允许符号，组成一切可能的长长短短的符号串，再加上一个长度为零的"空"串 ε。为避开一些细致的数学陷阱，我们只考虑有限长的符号串；这个"有限长"可以很长，因此不会造成任何实际困难。所有这些串组成一个很大的集合 Σ^*。

形式语言的定义只有一句话：大集合 Σ^* 的任何子集合 L 称为一个语言：$L \in \Sigma^*$。

太简单了！太一般了！靠这样一般的定义是走不了多远的。你必须说清楚子集合 L 是怎样选出来的。如果 L 只包含 10 个符号串，用"穷举法"把它们一一列举就成了。

更一般的办法，是先指定少数几个符号做"种子"。然后再给出一些"置换"或"迭代"规则。例如，遇到 a 就换成 a 或 b 或 bc，即置换规则是 $a \to a$，b，bc。凡是从"种子"出发，反复使用这些规则所生成的一切符号串，都属于 L。"种子"和置换规则定义了一种"生成语法"，L 就是这个语法所生成的语言。

麻省理工学院的乔姆斯基对串行使用的生成语法做了彻底的分类，每一类语法对应一种自动机。我们跳过具体语法的数学理论，只讲一下乔姆斯基的最后结论[1]。

---

[1] 感兴趣的读者可以参看：谢惠民，语法复杂性和一维动力系统，上海科技教育出版社，1994。

　　最简单的一类是正规语法。它对应没有存储器的有限状态自动机。这种自动机是处于某种状态的一个"读头"。"读头"所能处的状态种类有限，例如 4 个，分别记为 a、b、c、d。"读头"从一条向前步进的纸带上每次读入一个符号，例如 R 或 L（标记状态的符号集合同纸带上的符号集合不必相同）。根据目前所处的状态和读进来的符号，"读头"改变自己的状态，然后从纸带读入下一个符号。"读头"改变状态的规则定义了一个转移函数，如表 7.2 所示。

表 7.2　有限状态自动机的转移函数表

读头 所处状态	读入符号	
	R	L
a	b	a
b	…	…
c	…	…
d	…	…

　　如果"读头"能够一直这样动作下去，直到读完纸带上的符号串，那么这个自动机就接受了纸带上的这个符号串。对于给定的转移函数，自动机能够接受的符号串可以很多。它们都属于同一个正规语言。乔姆斯基证明了相应转移函数和生成语法的等价性。

　　下一个层次是上下文无关语言，它对应带堆栈存储器的下推自动机。堆栈是只有一个入口的长长的狭窄仓库，可以想象成带有弹簧活塞的垂直柱状圆筒。最先存放的数据放在最靠近活塞的顶部，把活塞往下压一些。第二组数据放在前一组上面，把活塞再往下压一些。如此继续，直到把活塞压到一定深度。读取时必须先读出最后一次放进去的数据，活塞往上弹出一些。最先存放的数据只能最后取出。存入的动作叫下推（push down），读出的动作叫上弹（pop up）。因此，堆栈有许多等价的名字：下推区、后进先出区、先进后出区。

　　上下文无关语言和下推自动机是最重要的概念，因为目前所有的电子计算机都是带堆栈的有限状态自动机，而 BASIC、FORTRAN、

C、C++等各种算法语言都是上下文无关语言。关于正规语言和上下文无关语言，有丰富的知识和文献。

再复杂一些的层次是上下文有关语言。与它对应的自动机所需的存储量正比例于输入量，因此又叫作线性有界自动机。

再往上就达到最复杂的语言层次：递归可数语言。它对应具有无穷存储器的图灵计算机。比起对应正规语言的有限状态自动机，图灵计算机可以从纸带上读入或往纸带上写出符号，纸带可以前后移动，无限长的纸带相当于无穷的内存。

可以证明存在着图灵机也无法处理的非递归可数的语言。它们表明"天外有天"，人类的认识在各个方向都存在极限。这些极限不是科学的终结，而是子孙后代们无穷无尽的研究前景。

以上介绍的形式语言的乔姆斯基层次，基于最一般的考虑。对于许多更具体的问题，还可以在上述框架内分出更细致的层次。

与乔姆斯基体系并存的，还有另外一套基于并行生成规则的形式语言体系，即林登梅耶系统或称 L 系统。林登梅耶是一位发育生物学家，他企图用符号描述藻类细胞的生长分化规律，结果发明了又一套语言。L 系统比乔姆斯基分类更为细致一些，并且与分形几何学有着自然的联系。我们预期，它对于生物学问题会有更多应用。读者可以参阅前面脚注中谢惠民专书中所引用的文献。

我们特别介绍语言复杂性，是因为它同物理学中的"粗粒化"描述有密切关系。请看下面这 6 个小写英文字母：

$$u, d, c, s, b, t$$

粒子物理研究者们立刻看出这是 6 种夸克的名字，联想起它们的质量、电荷以及"灿""味"等量子数。更多的物理学工作者则更经常地使用 p、n、e 这些记号来代表质子、中子和电子，而根本不关心中子和质子各由哪 3 个夸克组成。化学家们则使用 H、C、N、O、P 等原子符号，写出各种各样的分子式。到了生物化学家那里，不必也不需每次写出一个核苷酸分子所包含的几十个原子，于是为它们引入了 A、C、G、T 这些专用符号。这样的举例还可以延续几个层次。

启示何在呢？研究自然现象时只能瞄准一定层次进行"粗粒化"描述。许多全局性的规律只有在恰当地粗粒化之后才能更清楚地显现出来。粗粒化可以导致严格的结论。我们应当区别使用"严格"和"精确"这两个概念。针对具体情形的数值计算可能给出精确的描述，但不一定能得到严格的结论。粗粒化描述往往要使用符号和符号序列。符号序列可以自然地纳入形式语言的框架。形式语言可以按语法复杂性的阶梯分类，各种符号序列的具体研究又可以丰富语法复杂性的内容。

应当说，上面表述的只是一个研究纲领，而不是已经完备的成果。这个纲领在符号动力学和生物符号序列的研究方面都已有一些成功经验。这也是物理学和计算机科学的又一交叉领域。

第八章
计算机受到的物理限制

　　一台计算机当然是一个物理系统,计算过程是这个物理系统的一种时间演化。不仅构成计算机的元器件按照物理规律运行,而且它们要受到基本物理规律的制约。限制是一种否定。毫不偶然,基本的物理规律都可以用否定形式表述:不可能制造第一类和第二类永动机,不可能区分引力质量和惯性质量,物体的运动速度不可能超过光速,物体的温度不可能降到绝对零度,不可能同时精确测定微观粒子的坐标和动量,等等。只有认识了这些基本的物理限制,才能更有目的地改进计算技术。在实际设计和制造计算机时,还会遇到许多不那么"基本"的技术和工艺限制。正是这些限制使我们今天还不能充分利用基本物理规律所允许的广泛可能性。粗略地说,除了基本物理限制外,还有材料、器件、电路和系统层次的限制。在这一章里,我们把这些不同层次上的限制通称为物理限制。

　　我们在这一章里要多次从简单的物理定律出发,作一些定量的估算。读者不可过于认真地对待这样得到的数字,它们只具有数量级上的意义,可以帮助理解问题的实质。任何现实的器件和电路,都要经过更为复杂的计算或测量,才能得出有关的参数。另一方面,这些估计比起本书第一章里关于"人类有史以来从事过多少次算术运算"的讨论要确切得多。它们反映了计算机和计算的物理学,必须在实际工作中予以重视。

最快能多快?

决定计算速度的主要因素有两个：元件的开关时间和信号在元部件之间的传播时间。

早期计算机的速度受到电子元件开关速度的限制,电信号在元件之间的传播时间可以略而不计。光速是每秒 30 万公里,每微秒 300 米,每纳秒 30 厘米。这可以认为是电信号在导线中传播速度的上限。因此,开关时间为 1 微秒时,元件之间、插件板之间和机柜之间的距离都可以相当大,而不致影响总体的运算速度。但是中央时钟每拍只有 1 纳秒的计算机,必须全部容纳在边长小于 30 厘米的立体中,才不会因信号传输而显著降低处理速度。当信号传输时间占到相当比例时,单纯提高开关速度也无助于整体速度的提高。

电子在导线中的运动速度比光速约慢一两个数量级。导体电位的改变,实质上靠电子的流入流出,其变化速度受电子运动限制。高频率的交变信号不靠电子直接传送,而由电场来传递,其速度约为 c/ε, ε 是媒质的介电常数。ε 大于 1 (硅和砷化镓均为 $\varepsilon \approx 12$),因此电信号的传播速度也必然低于光速。我们在第二章里讲述电子计算机的早期历史时,说到为了提高开关速度,把质量很大的继电器触点,换成质量小得多的电子。为了进一步提高信号传播速度,应当把电子换成光子,把电子学变为"光子学",研制光计算机。我们在下一章里再专门讨论光计算机的前景。

其实,在遇到光速这样的基本限制之前,电子元件的速度早就因为更实际的物理原理而难以继续提高。

首先,逻辑元件根据多个输入信号的状态决定输出信号。如果各条线上的输入信号到达时间参差不齐,就可能造成错误的输出。必须保证信号在各条线上的传输时间相同。当年 CRAY1 计算机部件之间的传输线距离定为 6 英寸 (15.2 厘米),凡是更短的导线就要人为地引入延迟，使其等价到 6 英寸长。这是削足适履、向落后者看齐的办法。

其次，目前的元件不是在脉冲制下工作，而是要等输入信号都达到稳定状态，才触发输出。信号传输需要时间，信号电平上升到稳定值也需要时间。这实际上是电极的充电时间，由相应导体的 RC 常数，即电阻 R 和电容 C 的乘积决定。注意，RC 的量纲恰好是时间，无论在分立元件组成的电路中，或是在分布参数的系统中，都由它决定典型的上升或衰减时间。随着大规模集成电路工艺改进，导体的几何尺寸不断缩小，三极管开关时间可以缩短，但 RC 常数却基本上不再下降。这很容易从下面的标度考虑看出来。设导体的各个线度都缩小 k 倍，即变成原来的 $1/k$。于是

$$电阻 \propto 长度/截面 = （原长度/k）/（原截面/k^2） \sim k \times 原电阻$$

$$电容 \propto 长度 = 原长度/k \sim 原电容/k$$

结果两者的乘积保持不变。目前，集成电路的 RC 常数已经超过三极管的开关时间，再提高开关速度也没有多大作用了。有人估计，大规模集成电路中电信号的传播速度受 RC 常数限制，最多只能达到光速的 1/20。

我们看到，提高速度首先要缩小元件和部件的尺寸与信号传播距离。计算技术的提高，核心是一个"小"字。那么，对尺寸缩小有哪些物理限制呢？

最小能多小？

电子元件小型化有没有限度？显然，用单个原子来保存一位二进制，是目前能设想的一个极限。我们在第九章里讨论量子信息时会再回到这点。利用原子核内部的过程来保存和处理信息，可能需要更大的能量，还是留给子孙后代去研究吧。让我们先看一下在到达原子尺度之前，人类还有多大的努力余地。

20 世纪 50 年代使用内外径分别为 1.3 毫米和 2.0 毫米的磁环保存信息时，每一位二进制数大致保存在 10^{20} 个原子的宏观磁化状态中。到了 80 年代中期，大规模集成电路工艺中的典型加工尺寸，已经降到 1~2 微米。假定每边 2 微米的立方体中可以保存一位信息，则一位二进制数大约保存在 10^9 个原子中。如果只计算那些直接参与存储信息的电子，早期动态 MOS 存储器中每位信息大约有 10^6 个电子参加保存。现在一只 CMOS 管子中直接参与一次开关动作的电子大约只有 1 000 个左右。这些数字不能简单地外插到 100 个、10 个和单个电子，因为微观世界的量子规律必将显现出来（见第九章）。

值得注意的是，大自然并没有用单个原子来保存信息。核酸大分子中的遗传基因的每个编码，大约存储在上百个原子组成的集团中。不过，大自然的用意也有所不同：在保持原有信息的同时，也允许偶尔发生变异，给自然选择和生物演化留下余地。电子工程师在设计存储器时，总是希望长期保存信息而不发生"跳动"。只有用更多原子，即更笨的手段，才能满足这种较为初等的要求。

从工艺水平看，目前已经可以制造极为精细的人工结构。使用紫外光源的光刻技术，工艺可达到 0.5 微米，用深度紫外光达到 0.18 微米和 0.13 微米。用真空紫外、X 光刻和电子束加工可向 10 纳米前进。应用离子束外延技术，可以按单原子层来控制层状结构的厚度。在各种超微细结构中，有一批新的物理效应要先研究清楚，然后才能谈到它们的应用和极限。

首先是非线性效应。1 伏电位降落在 0.1 微米的结构上，电场强度高达 10^5 伏/厘米，电导机制已不能用普通的线性理论描述。其次，电子的自由程可能大为超过样品尺寸，把关联效应传到整个样品。结构和结构，元件与元件之间的距离大为缩短，一部分电子的波函数可能与另一部分重叠，使人们很难用单个分立元件的观点来分析整块电路，而必须考虑元件之间的相干，讨论它们的合作效应。这一切虽然目前都还未进入生产领域，但都已是实验室中的基础研究课题。在实现下一代微型化高密度的集成电路之前，必须对这些微结构中的物理过程有更深入的了解。

可以不消耗能量进行计算吗？

　　计算是靠物理元件中的实际过程进行的，自然有能量消耗。这一问题至少应当在两个不同水平上研究。第一，是否存在与具体的材料或器件无关的来自物理学基本原理的限制；第二，哪些现实的物理条件决定了当前电子元件的耗能水平。自从 20 世纪 60 年代以来，已经有不少人研究过这些问题。我们在这一节中只作简要介绍。

　　基本的逻辑操作改变一位二进制的状态，最小的信息存储是一位二进制数，它们都要靠某种物理自由度实现。在绝对温度为 T，达到热平衡的环境中，每个自由度分到的热运动能量约为 kT（"能量均分定理"）。这里 k 是玻尔兹曼常数，我们已经在第七章里见过。为了使逻辑元件或存储元件不至于在热涨落影响下发生误动作，"开关"或"读写"所需的最低能量应当至少比 kT 大几倍。在室温（$T=300K$）下，$1kT$ 相当于 4×10^{-21} 焦。这是对元件计算过程能量消耗的最基本的限制。

　　从信息论的角度看，从 0 和 1 两种可能状态中选出一个，信息改变量是 log2。这对应熵 $k$log2，它给出的热量变化也是 kT log2。有人分析过一些理想的模型器件，基本动作能量确是 kT log2 的量级。由信息通道容量的基本定理也可以得到类似的估计。当频带宽度为 B，信号和噪声功率分别为 S 和 N 时，通道每秒钟可以传送的二进制位数是

$$K = B\log\left(1+\frac{S}{N}\right)$$

这是香农在 1948 年发表的信息论文章中的著名公式。最低的热噪声功

率是 NkT，因此把对数展开后得到每位信息的功率是 $S/K = kT$ 的量级。

目前的电子元件实际耗能水平如何呢？有人估计集成电路中单个三极管一次动作的发热量为 $10^{10}kT$，这是由于改变电位时要通过电阻充放电造成的。半导体存储器为了信息不挥发，要经常处在加电状态，能量消耗也是不可避免的。可见关于能量消耗以 kT 为极限的讨论，目前只有纯学术意义。然而，生物大分子脱氧核糖核酸每复制一位二进制信息，估计只用 $100kT$ 能量，人工与"天工"之间仍有上亿倍差距。不过在现代无线电通信中人们已经处理过 kT 量级的信号。旅行者号航天器从木星表面发回地球的信号，到达接收器时能量只有 2×10^{-21} 焦。接收天线的前置放大器当时冷却到 28.5K，因此信号能量不到 $6kT$。

降低电子元件的工作电压和电流，可以减少充放电过程的能耗。然而工作电压并不能随意降低，电子在经过电位降 ΔV 后所得到的能量是 $e\Delta V$，如果它小于热运动能量 kT，就不可能用外加电压来控制电子运动了。从 $e\Delta V \geqslant kT$，得到 $\Delta V > kT/e = 0.025$ 伏（室温 300K）。（具体算数字时，要仔细注意单位制的变换。）考虑到实际的半导体芯片上元件个体差别还是相当显著的，例如各处的杂质浓度不同，微细结构的尺寸和形状有一定误差，人们不能使用 0.025 伏这样临界的工作电压值，否则就无法使芯片上的数以百万计的元件一致动作。提高工作电压，是增加安全系数的办法。目前在室温工作的元件，电压仍须保持上述估值的 20～200 倍，即 0.5～5 伏，降低的余地并不很大了。

这同一估计还可以换一种说法。电信号每经过一个元件后必须保持标准形状，才不会因为误差积累而最终导致错误。数字电路使用高、低两个电位来代表 1 和 0。它必须把较低的电位均作为 0，而把较高的电位全当做 1，才能保持电信号的标准形式。这就是说，相应元件的输入输出特性必须是非线性的。另一方面，热运动和扩散都是线性过程。因此，$\Delta V > kT/e$ 也可以说是非线性要求。

当前电子元件中每个基本动作都涉及大量电子，这也不难估计出来。把电容 C 的电位提高ΔV，电量 $C\Delta V$ 要由 N 个电子携带。因此

$$N = \frac{C\Delta V}{e}$$

利用前面的不等式得到

$$N > \frac{CkT}{e^2}$$

像第三章里介绍的动态 MOS 存储器，信息保存在漏极对衬底的电容中。设这个电容为 0.5 皮法，在 300K 时充电涉及的电子数目为

$$N > \frac{0.5\text{pF} \times k \times 300\text{K}}{e^2} = 8 \times 10^4$$

因此它们的能量应不少于 $10^5 kT$。这里根本没有计入维持动态存储的消耗。

在液氮（77K）和液氦（4.2K）温度下，kT/e 的值分别是 0.007 伏和 0.000 38 伏，因此原则上可以再降低工作电压和能耗。不过这时应当改用超导元件。我们在下一章里会稍稍涉及超导计算机的前景。

虽然目前离开每二进制位几个 kT 的耗能水平还很远，但也有人提出了能否不受 kT 限制，不消耗能量进行计算的问题。他们的主要论点是，物理上的不可逆性（耗能）与逻辑上的不可逆性密切相关。现代计算机在运算过程中必须擦去或重写中间结果，这才是造成不可逆的原因。他们提出了可逆计算机的概念，认为可以不消耗能量进行计算。人们提出了一些可逆计算机的理想模型，从完全确定论的利用刚球碰撞的"弹道计算机"，到完全随机的"布朗运动计算机"。然而，为了实现运算的可逆性，每一步操作都必须在热平衡条件下以无限慢的速度进行。这是可逆计算机的基本弱点。看来，可逆计算机就像在没有摩擦的条件下实现牛顿的惯性运动一样，只能存在于理论设想之中。

在现实世界中，人们还没有做到单个逻辑操作耗能若干 kT 之前，就必须对付更严重的发热问题了。

发热和冷却

实际逻辑电路的能耗通常可用电路延迟时间与功率的乘积来表征，请参看本章最后的图 8.3。对于一定类型的技术，这个乘积在各种不同的电路中差别不大。例如，1983 年时在大型高速计算机中，一个逻辑门耗电功率约为 5 毫瓦，而传播延迟时间为 0.5 纳秒；但在速度低得多的微处理机中，相应数字约为 50 微瓦和 50 纳秒，两组乘积都是 2.5×10^{-12} 焦。30 多年来此乘积缓慢地向图 8.3 左下角移动。

由于集成电路芯片上元件密度不断提高，而整个主机装在越来越小的空间中，各个层次上的发热和冷却都成为严重问题。一块 5 平方毫米的芯片发热功率为 10 瓦时，其功率密度已经达到 6000℃的太阳表面热流的百分之一。太阳辐射到达地球表面的功率密度大约只有每平方厘米 0.1 瓦，这足以使地表物体变热。就发热功率密度而言，硅芯片已经接近火箭喷口和原子核反应堆的水平，只是运行温度要低得多。图 8.1 给出各种热流和温度的比较。图中 HEMT 器件和约瑟夫逊器件在第九章里还要提到。

当平面的 MOS 场应管做得越来越小时，电极之间的漏电增大，直接提高了芯片的发热量。有人建议把各个电极竖起来，做成鱼鳍式的结构，以减少漏电。2004 年已经有成功的实验室报道。无独有偶，磁记录技术中也已经开始尝试把磁矩竖起来，让它垂直于记录表面。不过，那是为了增加记录密度，而不是减少发热。

集成电路一般安装在底板上，上面往往套有扩大传热面积用的散热片。热量最终从计算机中由某种流体（空气或液体）带走。由固体直接传热给气体的效率不高。靠空气自由对流散热的速率约为 1/1000 瓦/（厘米^2·摄氏度），加上强制吹风气冷，这个数值可以提高 10～30 倍。如果允许元部件温度升到 40℃，则向空气传热的效率可达到 0.1～1 瓦/厘米^2，接近但仍小于上面提到的每平方厘米几瓦

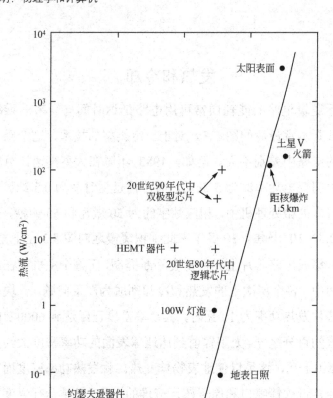

图 8.1　各类器件和设备的热流温度比较

的发热水平。

　　从固体向液体（特别是向沸腾液体）的传热效率要高得多，但是冷却系统的设计技术也要复杂得多。当固体表面和液体的温差较小时，仍是以对流传热为主。温度再升高时，液体开始在固体表面沸腾，大量小气泡把汽化热带走。如果气泡生成得太快，反而会使液体和固体表面隔离开，降低传热效果。因此，固体表面温度和所用液体的沸点，以及固液温差都必须恰当选择，以达到良好的传热效果。

　　曾经广泛使用的一种传热液体，商品名统称为"氟利昂"。它们是脂肪族碳氢化物（主要是甲烷）的含氟和氯的衍生物。根据每个分子中氟、氯原子取代的位置和数目不同，氟利昂有许多品种。家用冰箱和 Cray 计算机同样使用氟利昂制冷，实际上是不同的化合物。家庭和工业制冷常用的氟利昂 12，沸点为 -29.8℃。计算机冷却系统中的氟利昂 113，沸点在 48℃。当固体和液体温差为 20℃时，它的传热效率达 20 瓦/厘米^2。目前为保护地球大气的臭氧层，氟利昂已基本停用。

集成电路芯片上的热源在开关元件和导电条带中。那里发出的热量在最终传给冷却媒质之前，还要克服芯片封装、底板、散热片之间的几次固体接触热阻。典型的接触热阻数值为 1～10（摄氏度·平方厘米/瓦）。因此，如果芯片的发热率为 20 瓦/厘米^2，它的温度也会增加 20 摄氏度以上。密封的双极型集成电路的平均可靠最高工作温度为 96℃，而 CMOS 器件为 87℃。21 世纪初单个芯片的散热本领约为 50 瓦/厘米^2，设计良好的带散热器的单个芯片的最大允许功率在 2003 年为 149 瓦，2004 年为 158 瓦，预计 2009 年为 198 瓦，进展不算很大。目前对功率的限制主要来自系统层次的冷却技术，而不在于芯片自己的封装工艺。

联 线 问 题

电子计算机里有不同层次的联线：集成电路内部的联线、印制电路板上各块集成电路之间的联线、机柜上印制电路板插座之间的联线、机柜与机柜之间的联线、主机与外部设备乃至与其他计算机之间的联线，等等。除了传输线中信号延迟和热噪声干扰这些比较基本的考虑外，其实人们首先遇到的是更为简单的实际限制：没有足够的空间来容纳这些联线。打开一台 20 世纪 60 年代生产的计算机机柜背板，立即看到杂乱如麻的走线，要弄清一条线的来龙去脉，必须花一番功夫。集成电路技术的发展，在很大程度上把机柜背面和印刷电路板上的联线搬进了芯片内部。

芯片上联线的情况，只有考察实际的集成电路才能得到更深刻的印象。1979 年有人描述了一块包含 1496 个门的逻辑电路芯片。它的面积是 0.566 平方厘米。芯片上的联线总长度为 4 米，联线宽度为 6.5 微米（现在工艺已达到 10 纳米以下）。如果按比例把线宽放大到东西长安街的路面那样，则导线总长度可达 20 000 公里，足以沿赤道绕地球半圈。联线的总面积达到 0.26 平方厘米，相当于芯片面积的 80% 以上（实际上这是靠多层联线才做到的）。联线总长度几乎达到芯片边长的 800 倍。这就是说，如果把这些导线纵横分布在芯片上，每条线要与近 400 条另一方向的走线相交。如果把各个"门电路"比做城市中的广场，那么，这里有近 1500 个广场，穿过每个广场的街道多达 20 条。世界上哪有可以与这块芯片相比拟的大城市呢？巴黎的凯旋门广场也只有 12 条大街通向它。

图 8.2（见文前彩图）是 1971 年英特尔公司制造的第一个 4004 中央控制和算数运算芯片的放大相片。它比上面描述的芯片要小得多，只有 2250 只三极管，封装之后有 16 只脚。后来的奔腾 4 微处理器芯片上的三极管数目比 4004 多 1000 万倍，芯片引线有 400 多条！时至今日，大规模集成芯片早已不属于计算机专用。例如，苹果公司在 2014 年为 iPhone 6 手机等家用电子设备推出的 A8 芯片，包含 20 亿个三极管，它使用 20 纳米工艺，总面积却只有 89 平方毫米。人们把整个系统封装在一个芯片之内，其外部引线数目反而减少了。

集成电路芯片和大城市同样是人类活动的产物，要受到人类设计能力的限制（且不提本章前面讲过的微结构带来的物理因素）。目前芯片的分层布线和掩膜设计都已超乎人工可能，必须依靠计算机实现。

由于集成电路微型化的极限在 21 世纪初已经开始显现，人们提出了一些折中的解决办法。如果在原有的封装内，安排 4 个集成度同原来差不多的芯片，每个芯片是一个"核心"，那整个微处理器的能力就增加 4 倍。正如我们在本书第四章介绍超级计算机时所指出，多核处理器已经成为普遍实践。这就导致一套封装内各核心之间的联线问题。这是网络概念的回归：先是单机联成网络，网络又成为组织超级计算机的骨架，现在网络又进到芯片内部。

让我们再上升一个层次，考察集成电路芯片之间的联线，首先是每块集成电路的引线数目。一般说来，一块电路能完成的逻辑功能越多，越需要较多的引线才能充分发挥它的处理能力。早年奔腾 4 系列微处理器芯片，每片有 320 或 478 只"脚"。已经有不少人研究过集成电路"门数"和"脚数"的关系，表述过一些定量法则。无论如何，给不到 1 平方厘米的器件接上几百只脚总还是一件难事。发展非冯·诺伊曼的并行计算机时，也必须考虑这种限制。我们已经多次讲过，串行的冯·诺伊曼计算机的基本结构是把少数中央处理器、存储器等单元挂到总线上。总线由几十条数据线和控制信号线组成，一切信息交换都要经过它，因而成为提高整机处理能力的障碍（所谓"冯·诺伊曼瓶颈"）。

设想另一极端情况。取 N 个中央处理器和 M 个存储器芯片。取消单一的总线，令每个处理器都联到其他每一个存储器和处理器上，组成互相联接的网状计算机。即使每组联线只有一根导线，从每个处理器就要伸出 $M \times (N-1)$ 条线。当 N 和 M 较大时（$10^3 \sim 10^4$ 是现实可能的数），就不可能找到容纳这些线路的空间。因此，人们只能在简单串接和完全相互联接之间寻求妥协。

比较长的联线不能简单接到器件之间就工作，它们必须由芯片上的一部分电路来"驱动"。联线越长，驱动电路的工作电压必须增大，功率消耗因之上升。总之，简单的联线问题也会给计算机的发展带来限制。

有没有量子限制？

微观粒子的量子性质会不会给计算技术带来基本性的限制。或许担心这种限制还为时过早。当前基本逻辑操作和信息存储所涉及的电子或原子数目仍在 $10^3 \sim 10^{11}$ 量级，人们还远未用到单个粒子的性质。

　　然而，半个世纪以来，不少人提到量子力学中能量测不准关系

$$\Delta E \cdot \Delta t \geqslant \hbar$$

（我们在第七章里已经见过它）的后果。其实，这个关系只是表明在 Δt 时间间隔之内完成的物理测量，能量值只准确到 ΔE。由此完全不能得出结论说，开关时间为 Δt 的逻辑元件，必须消耗 $\hbar/\Delta t$ 能量。对于逻辑操作、测量和不可逆的热耗之间的关系，还缺少令人信服的量子模型的研究。有一种看法是：开关时间 Δt 必然与某种能量 $\Delta E \geqslant \hbar/\Delta t$ 相联，既然我们不知道靠什么机制使 ΔE 成为有用功，因此就有理由认为它给出逻辑器件功率消耗的量子下限

$$P = \frac{\hbar}{(\Delta t)^2}$$

好在这个下限远远低于室温下热涨落所给出的限制。用前面引入的时间与功率乘积表示，300K 下热涨落限约为 $P\Delta t = 4 \times 10^{-21}$ 焦，而"测不准关系"在开关时间为 1 纳秒时给出 $P\Delta t = \frac{\hbar}{\Delta t} = 1 \times 10^{-25}$ 焦。因此，至少在目前的工艺水平上，还遇不到量子限制问题。

　　IBM 公司的基斯从 1960 年开始，40 多年来坚持研究计算技术和信息处理受到的物理限制。他首先使用功率–开关时间的坐标表示法，后来许多人作了补充[①]。现在我们把前面讨论过的一部分物理限制画到这样的图中。图 8.3 只是主要结果的示意，我们略作解释。

　　此图纵坐标是平均到每一位二进制的功率，以瓦为单位。横坐标是开关时间，以秒为单位。两者都使用对数标尺，各自跨越了 15 和 18 个数量级。图中等距离的平行斜虚线，是对应不同开关能量 E 的关系式 $P\Delta t = E$，取对数后为

$$\log_{10} P = -\log_{10} \Delta t + \log_{10} E$$

从右上到左下对应的开关能量为 10^{-6}、10^{-9}、10^{-12}、10^{-15} 和 10^{-18}。最后那条 4×10^{-21} 焦的实线标明"涨落限"。它对应室温 $T = 300$K 下的热涨落能量 kT。这条线限出的左下角是热涨落会压制逻辑操作的器件禁区。

---

① 例如，可参看美国《科学》杂志 2001 年 9 月 14 日第 2044 页的讨论。

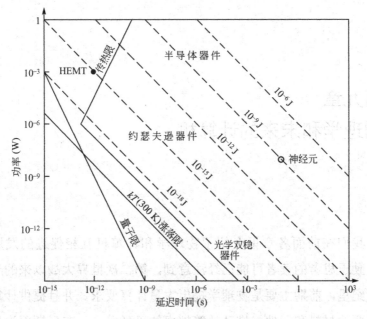

图 8.3　各类器件的工作范围

　　图中左上部斜穿过上述平行线的直线，位置不那么准确。它代表前面"发热和冷却"一节中讨论过的传热限制。如果处在开关时间太短或每位功率太高的左上角，器件就会因发热而烧毁，这也是一个禁区。不同的散热方式会稍稍改变禁区边界的位置。

　　量子关系 $P\,(\Delta t)^2 = \hbar$ 取对数后给出斜率为 -2 的直线，降落更陡。这条线几乎全部落在上述两个禁区之内，因而没有现实意义。

　　为了说明发展前景，在这张图上标出了一些"器件"的工作范围。其中约瑟夫逊器件在下一章里讲超导计算机时介绍，光学双稳器件也见下一章"光学计算机"一节。图中左上角禁区中标有 HEMT 的点，代表一种单量子阱器件，在第九章图 9.2 里会再见到它。请注意大自然选择的"生物开关"——神经元，在图上处于十分安全的区域，既不会因发热而破坏，又不受热涨落干扰，开关能量也较低，只是速度比所有人工器件都慢。但是，自然界依靠先进的并行算法，实现了足以向一切人造计算机挑战的数据处理系统——脑。

　　图 8.3 自然地把我们引向未来的计算机。

第九章
物理学和未来的计算机

　　我们在前面各章里介绍了物理学和计算机互相促进的发展过程。勤于思考的读者可能已经注意到，第二次世界大战以来的半个多世纪里，前期主要是物理学提出大量计算要求、并且提供计算机所需要的材料和元件，推动计算技术的迅猛发展。在后期更为显著的则是计算机提供了过去不可能设想的巨大信息处理能力，促使物理学从实验和理论密切结合，转变为立足于实验、理论和计算三大支柱的成熟的科学。前后两个时期的分界线，大致是 20 世纪 60 年代硅平面工艺的出现。在此之前，计算技术只有依靠物理学的成果才能前进，而在此之后，集成电路成为独立的工艺领域，它借助计算机本身的威力而精益求精。从 SSI 到 VLSI，主要是技术的进步，却并未引入多少新的物理思想。

　　然而，事情正在起变化。经过多年努力才发展起来的冯·诺伊曼计算机正在成为历史。它们不会被淘汰，而是逐渐转化成普通商品和人们不可缺少的日常伙伴。计算机无孔不入地渗进社会和家庭的各个角落。也许过不了很久，人们就会把它们通称为"古典"计算机。这是因为，广义的物理学仍在不断提出巨大的计算课题，而沿着冯·诺伊曼思想发展的超级计算机也要遇到第八章里讨论过的各种物理限制。要再次大幅度提高人类的计算能力，必须依靠新的科学发现和技术革命。

另一方面，物理学已经为下一步发展提供了新的思想、材料、器件和工艺。我们在这一章里主要着眼于未来，考察一些可能的发展前景。下面所介绍的内容，有一些已经是实验室中呼之欲出的成果，有些还是科学畅想，只有长期研究才能探明究竟。以下几节中会涉及材料、器件和"整机"，其可能用途也不一定限于计算机。由于计算机、通信（从移动电话到交换机）、电视、照相等各种曾经泾渭分明的领域正在数字化的基础上融合起来，而集成电路芯片在此融合过程中起着核心作用，我们也不回避某些似乎和计算机还没有直接关系的进展。应当特别指出，新发明和新技术本身会带来新的应用。过早询问一项创新的"用途"，只是企图把它套进旧技术的框架，会阻碍真正的科学发展和技术进步。

量子阱、量子线和量子点

从 20 世纪 60 年代以来，计算技术的进步一直靠硅单晶平面上的集成电路工艺。人们用掩膜、光刻、腐蚀、扩散、氧化、离子注入、外延生长等各种办法，控制晶体不同部位的电子能带和杂质能级，制备完成各种功能的结构。因此，这一类工艺是经典的"能带工程"。

20 世纪 80 年代中期以来，微结构工艺进展到足以用几个甚至单个原子层的精度控制形成半导体超薄层结构，每层的厚度可达几十甚至几个纳米。到了 21 世纪初，集成电路生产已经在使用 90 纳米和 65 纳米的工艺，而实验室里却早在纳米尺度上安排单个原子和电子的运动了。作为现代工艺可能性的示范，请看图 9.1 所示的"纳米熊猫"[①]（见文前彩图）。这是在硅单晶表面上移动原子而画出的熊猫形象，整个图形约 100 平方纳米。今天实验室中的杰作，明天就可能进入工艺流程。

---

① 经作者和 JEOL 公司惠允，此图取自 S.Aoyagi，*JEOL News*，Vol.37E,73（2002）。

在这样的尺度上，粒子数较少时的统计涨落和电子的量子性质都会显示出来。

我们先估计一下统计涨落。考察一段直径为 5 纳米、长度为 1 微米的圆柱状半导体硅。设掺杂浓度是每立方厘米 10^{18} 个硼或砷原子。不难算出，这段硅材料中只有约 20 个杂质。在长度与直径相当的一个小体积中平均只有不到 1%个杂质原子，事实上它们不可能均匀分布。大块固体能带论的概念还能继续使用吗？其实这是几十个原子形成的集团的性质，也必须用量子力学来研究。

为什么必须计及量子性质，这可以从特征尺度的考虑予以说明。一般说来，在分析半导体器件时可能遇到四个不同的特征尺度。首先，器件有自己的特征长度，例如金属氧化物场效应管的沟道长度，双极型管的基极宽度（这些器件在第三章里曾介绍过）。其次，载流子的平均自由程，即两次碰撞之间的平均运动距离。在室温下自由程为 10～50 纳米，在低温和杂质很少的条件下，自由程可以变得很长。当它超过器件特征尺寸时，电子就像枪弹一样从结构的一端飞到另一端，中间不发生任何碰撞。这时就要考虑"弹道器件"了。最后，电子和空穴组成的电中性环境中，电荷的局部变化只波及一定范围，即德拜屏蔽长度。掺杂浓度为每立方厘米 10^{17} 时，它约为 12 纳米。最后，电子的德布罗意波长

$$\lambda = \frac{\hbar}{p} = \frac{\hbar}{\sqrt{2mE}} \approx \frac{\hbar}{\sqrt{2mkT}}$$

这里 $\hbar$ 是普朗克常量，p 是电子的动量。p 通过能量 E 表示，而我们又把 E 换成热运动能量 kT，在室温下为 4×10^{-21} 焦。把常数代进去后得到 $\lambda \approx 8$ 纳米。

可见薄层厚度达到 10 纳米以内时，其厚度与电子的德布罗意波长相当，电子的波动性即量子性就要表现出来。这就导致二维的量子阱和超晶格。如果在两个方向上都达到纳米尺度，就形成一维的量子线。如果三个方向的运动都限制到纳米量级，就会造成量子点。

不同维数上受到局限的量子系统,有一些颇不相同的性质。由于在没有受限制的方向可以有大范围的运动,仍然有能带存在。但是带顶、带底附近的电子态密度因维数差异而大不相同。特别是一维量子线,带顶和带底的态密度趋向很大的值。

电子运动只在一个方向受到限制的系统,是各种人造的二维超晶格,二维电子气和量子阱。目前薄层微工艺主要用在Ⅲ-Ⅴ族化合物半导体如 GaAs、AlGaAs、InP、InAs、InGaAs 等的多层结构,因为这些材料最有希望制造高速电子器件、半导体激光器件以及电子和光学耦合的器件。主要的工艺有两大类,即分子束外延和金属有机化合物气相淀积。

分子束外延(molecular beam epitaxy)是在真空中把高纯度的镓、砷、铝束射向极为清洁的、加热到一定温度(例如 600℃)的单晶衬底上,让原子形成化合物,一层一层地长成薄膜。如果周期性地摭断铝束,就可以形成 GaAs 和 AlGaAs 相间的多层"超晶格"结构。每层厚度可以严格控制,例如 10 纳米 GaAs 层,13 纳米 AlGaAs 层。外延过程中还可以有控制地掺杂质(如硅)原子。所谓超晶格,是指在原来材料的晶格结构之上,又由相间的夹层形成了人为的另一套周期。

金属有机化合物气相淀积是气相外延法的一种。先令 Ga(CH$_3$)$_3$、Al(CH$_3$)$_3$ 这类金属有机化合物在衬底上热分解,同时与 AsH$_3$ 反应,生成极薄的原子层。另一种做法是用 GaCl、InCl、AsH$_3$ 或 PH$_3$ 这类卤化物或氢化物来输送三价或五价原子到衬底上。

作为薄层工艺的应用实例,我们介绍一个"高电子迁移率三极管"(简称 HEMT)。图 9.2 是一个早期 HEMT 的剖面。它的结构基本上仍是第三章中介绍过的 MOS 场效应管那样,只是基于 GaAs 材料。在用硅掺杂的 AlGaAs 层中,电子的能量高于 GaAl 层,于是它们转入 GaAs 层。原来杂质硅原子既是提供电子的施主,又是造成电子散射,使电子运动不快的原因。现在硅原子留在 AlGaAs 中,电子可以在 GaAs 层中通行无阻。AlGaAs 层由于失去电子而带正电性，把 GaAs 层中的电子吸引到附近形成只能在平行于薄层的平面中运动的二维电子气。这些电子陷在狭窄的量子阱中，很靠近由 GaAs 和 AlGaAs 两种不同材料构成的"异质结"。因此，这类管子又称为双异质结、单量子阱器件。由于可通过外加电压，改变波函数形状来控制二维电子气，也被叫作"波函数控制三极管"。如果在 GaAs 衬底和异质结之间再加上由本征的 GaAs 形成的空间隔离层和由几个周期的超晶格组成的缓冲层等辅助结构之后，在量子阱中电子迁移率在 77K 下可高达 120 000 厘米^2/（伏·秒）。作为对比，硅和 GaAs 的室温迁移率是 1300 和 8800。

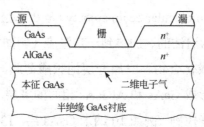

图 9.2　HEMT 器件示意图

高迁移率是制造高速器件的前提。HEMT 由于低直流功耗、低噪声和良好的高频特性，发展成从射频到微波的放大器件，而不是计算机元件。它的延迟时间短达 12～17 皮秒，功耗约 1 毫瓦，时间功率乘积只有 14～18 飞焦。目前基于 InP 的 PHEMT 器件大量用于电话手机的功率放大，产量以百万块计；另一类"变构"的 MHEMT 器件则用于卫星通信。我们在第八章图 8.3 中标上了 HEMT 的代表点。它虽然落入热传导禁区，但由于主要不做成高密度的开关芯片，谈不上对计算机有实际限制。

电子运动在两个方向受到限制的量子线，已经用来研制发光和激光器件。也有实验室用埋在 SiO$_2$ 绝缘层中的硅量子线做沟道，研制 MOS 型的存储器件。

电子运动在三个方向都受到限制，就成为零维的量子点。广义地说，量子点就是很小的一块物质，小到加减一个电子就会改变其性质，因为其中电子就像原子中的电子一样具有分立的能级。在这个意义下，单个原子是一个量子点，生物化学中的氧化还原集团是一个量子点，用纳米技术来实现量子位的许多结构也是量子点。已经有人建议用量子点的阵列实现元胞自动机。我们在本章后面还要提到用纳米碳管实现单个和多个量子点。

我们在第三章里介绍半导体异质结构时，曾经讲到两种材料晶格常数失配所导致的困难。这通常是因为失配所引起的局部应变，会造成位错等缺陷。然而，到了微层或线状结构中，这些极小的应变不再有大范围影响，甚至还可以利用晶格常数失配来控制能带结构。晶体生长过程中积累的应变还被用来实现量子点的自组装。

光 计 算 机

我们在第八章里分析了电子器件用于计算技术的各种基本的和实际的物理限制。事实上，目前研制超级计算机时已经必须考虑这类限制因素。然而，我们有充分理由预期，应用光学原理和器件可能显著地缩小许多物理限制，把计算机技术提高到一个新水平。

电子在固体中的运动速度永远低于光速，而在固体中光速也低于真空中的传播速度。硅晶体中电子运动速度约为光速的百分之几。决定许多电子器件开关时间的是电子在外加电场中的漂移速度或扩散时间，这比光速更要慢得多。

光子没有质量和电荷，因而传播中可以不受电磁和其他干扰。许多光束可以互相交叉地通过同一空间而彼此不发生影响。当然，也正是这一原因使得人们很难用光或电信号来控制另一支光信号，实现功耗和体积都很小的光开关。这一情况近些年来由于无源光学双稳器件的发展而有所改变。

光频信号可以容纳的信息量远远高于无线电频率。光导纤维已经用于整机之间的通信和主机到磁盘的交换。部件和部件、元件和元件之间，乃至元件内部的信息传输不一定都要用光导纤维，有些可以借助自由空间的传播。许多光学器件原则上不必限于使用 0 和 1 两个状态，还可能利用其他信息（如相位）实现二进制以外的存储或开关。

最后，也是最重要的一点，光学信息处理本质上是高度的并行处理。简单的线性光学系统就可效率极高地实现特定的模拟计算，只费传播之功就解出偏微分方程或实现积分变换。

怎样充分利用这种种可能性，是今后一个时期科学研究的重要课题。是数字计算，模拟计算，还是二者混合？用线性光学系统，也得使用非线性光学效应，怎样把它们融为一体？是发展光电子技术，还是走"全光学逻辑"的道路。人们在做出最后抉择之前，还得用新的发明创造去补足许多缺阙的环节。我们只挑选几个侧面，稍作介绍。

光学信息处理是一个古老的领域。在发明激光器以后，高质量的相干光源成了实验室中的普通工具，光学信息处理获得了新的生命力。早就知道，一个薄透镜对前焦面中的像实现傅里叶变换，显示在后焦面里（图 9.3）。这个一瞬间完成的积分变换，如果用电子计算机来作，首先要把前焦面中的像分解成大量（例如 1024×1024个）"像素"；再把每个点的"黑度"数字化，成为 100 万个数送进计算机，然后用二维傅里叶变换程序计算 100 万个二重数值积分，

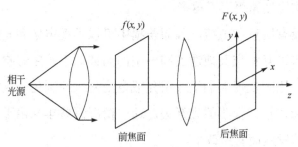

图 9.3　用透镜和相干光实现傅里叶变换

最后还得把这 100 万个数转换为模拟信号并扫描成像。即使有大存储量和高速度的计算机，也不可能像光学系统那样有效地在瞬间完成变换。在这个例子中我们还看到光学模拟处理与计算机数字处理的另一个原则差别。把图形分解成像素，要丢失极其大量信息。任何小于原图 1/1 000 000 面积内的细节都不可能保留和分辨出来。但是，电子计算机偏偏又对这样检出来的百万个数，实行全字长的数值计算，保留着不必要的多余精度。对全图像实行精确度并不很高的迅速处理才是最关键的事。人脑对视觉信息的处理就是这样，而且比目前的光学处理系统更为灵活，可以自动滤掉或强调图形的某些特征。

上面的例子中只对于像的强度信息进行了变换。具备相干光源后，可以把到达底片的全部强度和相位信息都记录下来，实现"全息照相"和制作"全息透镜"。用全息透镜组成的光学信息处理系统，可以对图像实现更一般的变换。因此，像求解二维偏微分方程，也可经过特定的全息透镜系统在一瞬间完成。由此展现出光学模拟计算机的广阔前景，任何数字处理系统在将来也无法与之匹敌。这里还只提到了用线性光学系统实现的变换。已经有过许多使用非线性变换的建议和实例，但通常非线性效应要在较高的功率水平上才变得显著。

至于制作光学逻辑元件实现数值计算，更要靠非线性效应。激光器本身就是一种非线性器件，它要求光学介质中的原子处于"占有数反转"的活性状态，即激发到高能级的原子数目多于处在基态的原子数目，因此较难使体积和功率消耗两者都作得很小。直到 1974 年人们在钠蒸气中观察到光学双稳现象后，利用无源（即不必把介质激活）的双稳器件实现全光学逻辑线路的可能性才变得现实了。为使光学双稳器件实用化，人们一直致力于缩小器件尺寸、缩短开关时间、减小操作功率和争取在室温工作。

图 9.4 给出 1982 年首次制成的这种器件的结构示意。它的主要

部分是夹在两个电介质反射层之间的光学腔。腔本身是由 61 对交替的 GaAs 和 $Al_xGa_{1-x}As$（$x = 0.27$）薄层构成的超晶格。单层 GaAs 的厚度为 33 纳米，而 AlGaAs 层是 40 纳米。电子和空穴都落入能量较低的 GaAs 层量子阱中。它们彼此间因有很强的库仑作用，形成束缚在一起运动的"激子"。激子可以吸收入射光而跳到激发态，但这种吸收很容易达到饱和而使整个腔又"透明"起来。因此，入射光弱时因吸收较强而输出不强，然而入射增强时吸收因饱和锐减，输出也随之激增。这样就形成了高低两个稳定状态。

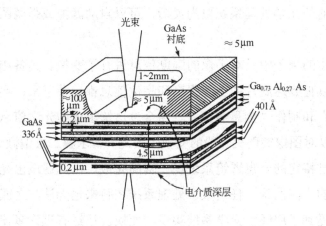

图 9.4　超晶格多量子阱光学双稳器件结构示意图

　　由激子饱和吸收而致的光学双稳效应，在单纯由 GaAs 构成的腔中也可以看到，但必须在低温观察，否则激子本身会因为热运动而离解。然而，在薄层电子阱中，电子轨道被压缩到二维平面中。电子和空穴的束缚能升高，双稳器件在室温下就可以工作，而且引起双稳跃迁的入射光功率也很低。室温运行和低功率两大特点，使这种双稳器件压过了以往的一切光学双稳器件。其实，超晶格量子阱的功用绝不止于光学双稳，它正在带来一大类新的光学、光电子和电子器件。光学双稳器件也有其物理限度。在第八章图 8.3 上标出了大致位置。这是按照至少有 1000 个光子参与双稳过程估算的。

　　另一条发展路线是在硅平面工艺的基础上研制光子或电子芯

片，在芯片内用光束代替电线，走出芯片时以"洞"代"脚"。用硅制备的光波导，靠中心部分折射率低于外层而保持光束。2004 年初的报道，200 纳米直径的光波导同芯片外的 5 微米光学纤维连接，耦合可达 95%以上。目前已经有光路由器、光重复器、环共振器等演示部件。

从长远看，光技术和电子技术并不互相排斥或取代，而是彼此补充。例如，进行图像或视觉处理时，先用信息吞吐量大、速度高但精度不一定很高的光学模拟处理，压缩信息量后再靠电子技术施以高精度的可编程序的处理。

自旋微电子学

从真空管到金属氧化物半导体场效应管 MOSFET，全是在控制和利用电荷的运动。从磁芯到硬盘，都是基于不在介质里跑来跑去的磁矩的方向变化。把电荷和磁矩两者结合起来，有可能利用新的磁自由度，研制出兼有逻辑和存储功能的全新器件。不过，这背后却是量子物理学。

经典物理学里面没有磁性。这是老尼尔斯·玻尔在 20 世纪初指导一位年轻的女学生所做博士论文所证明的，曾经被称为"万列文小姐的定理"。要在经典物理学的框架内讨论磁性，就得像老居里那样先假定有磁矩存在。固体的磁性来自电子的自旋，而自旋其实是没有经典对应的、是像电荷一样的电子的内秉性质。电子运动到那里，自旋也就同时到达。平常自旋的方向是杂乱的，人们看不到电流的自旋。如果设法把自旋"极化"，即令它们按一定方向排列，电流就带上了自旋自由度，成为自旋极化的电流。这样的电流从半导体中通过时，附近的磁场会阻挠一种极化方向的电流，实现对电流的控制。由于半导体对某些波段的光线透明，还可能同时利用光学和电学性质。目前十分成熟的半导体平面工艺有可能继续应用，在同一芯片上实现逻辑、存储和通信功能。

诱人的前景使得不少实验室都着手研究基于自旋极化电流的微电子器件。然而，在走向实用之前还有不少物理问题需要解决。例如，怎样才能有效地把自旋极化电流注入半导体、注入时在界面上的行为如何、自旋极化电流在半导体中可以维持多久，等等。比较经典的做法是从磁性金属中把自旋极化的电流注入半导体。在 n 型半导体中，保持自旋"相干"的输运可以维持约 100 纳秒，这就足以实现一些控制操作了。在三五族化合物 GaAs 和二六族化合物 ZnSe 的异质界面上用光可以激发出寿命约半个纳秒的自旋极化电流，其中约 10% 流入 ZnSe，剩在 GsAs 中的电子在加偏压后寿命可延长，加 pn 结构造后可以再增长 40 倍。不过，这都是近几年的实验报道。历史经验表明，只要问题明确，总能够找到答案。当年金属和氧化物层之间的表面态曾经妨碍场效应管的应用。最近，CaF_2 晶体的内秉双折射曾影响极端紫外光束的聚焦和光刻效果。这些明确的问题都得到了解决。

自旋极化电流的更为现实一些的应用，是制备第二章曾经提到的磁性随机存储器（MRAM）。MRAM 的结构最好同利用巨磁阻效应（GMR）的硬盘读头对比着说明，虽然它们的工作原理不同。我们在第三章里讲硬盘时已经提到 GMR。那是夹在两块磁性薄片中间的金属导体，电流从导体平面中流过。磁性薄片中一个沿固定方向磁化，另一个在旋转盘面的磁记录影响下翻转或保持不变，这样就组成一个"磁阀门"，不断改变中间金属的电阻。一个 MRAM 单元的结构也是上下两个铁磁薄片，不过中间夹着一个绝缘层。两个磁片一个固定磁化，另一个可以翻转。自旋没有极化、即两种自旋方向都有的电流进入一个铁磁片，沿垂直方向借助隧道效应进入绝缘层，再到达另一个铁磁片。隧道效应能否发生，依赖于两个磁片磁化方向的同异。有时两个极化方向的电流都不能过去，有时一种极化电流可以通过。这类隧道磁阻我们在第三章里讲 TMR 磁头时已经提到过。

许多个 MRAM 单元连同它们的译码和读写电路可以用半导体技术中成熟的平面工艺集成到芯片上。这样的 MRAM 有可能集 DRAM 的密度，SDRAM 的速度和闪存的不挥发性三大优点于一身。IBM 等公司早在 20 世纪 90 年代初就大力研究。由于生产过程比较成熟的 DRAM 和闪存等器件等还可以满足当前要求，许多公司和实验室在不断宣布新的技术进展同时，还没有下决心花费巨额投资来建立 MRAM 的大规模生产线。然而，不少人还是把 MRAM 看成具有光明未来的万能存储手段。

还有一些理论上知道多年的物理效应，或迟或早可能找到实际应用。例如，当电子的运动速度可与光速比拟时，会出现一种相对论效应，即高速运动的电子把电场感受为磁场，因而有可能通过改变电场实现对自旋的控制。已经有人对此进行实验室研究。

超导计算机

我们在第八章里已经讲过,光在 1 纳秒时间内只能传播 30 厘米，固体内电子运动和电讯号的传播速度都比光慢。如果电子器件的开关时间降到 1 纳秒（而这是现代工艺已经能做到的），整个电子计算机必须放到边长约 10 厘米的立方体内，信号传播时间才不至于把开关速度完全浪费掉。可是，按照现在半导体器件的发热率估计，这样的计算机早就会因为自身发出的巨大热量而在开机后化作一缕青烟！

出路何在呢？物理学早就提供了许多可能性，其中之一是利用超导现象和超导态的一系列新效应研制超导计算机。

1908 年荷兰物理学家卡·昂内斯成功地把"永久气体"氦液化，获得了在绝对温度 4K 上下做实验的条件。1911 年他首次发现，金属汞在 4.2K 附近突然进入完全没有电阻的超导状态。后来人们陆续发现了许多金属、合金和其他材料也会进入超导状态。超导体还是完全的抗磁体，磁力线不能深入超导体内部。如果一个环形超导体包围了一些磁力线，这些磁力线也无法从中逃脱出来。电流或磁场强到一定程度就会破坏超导，使材料回到有电阻的状态。各种超导材料有不同的"临界电流"和"临界磁场"。超导转变是由于电子在动量空间中配对而产生的宏观量子效应，直到 1957 年才有了比较好的理论解释。

单是可以制备没有电阻的传输线这一条，就足以吸引人们着手研究超导电子器件。1960 年前后已经有人提出过一些开关和存储元件的设想。但是直到 1962 年年轻的英国研究生约瑟夫逊从理论上预言了超导隧道效应，随即被实验证实之后，超导电子器件才有了现实意义。

当两层金属之间夹有极薄的绝缘层（这通常就是金属的氧化物层）时，金属中电子的波函数会拖一个尾巴到绝缘层中。加上偏压之后，就会有微弱的电流通过。这不是击穿了，而是出现了正常的隧道电流。约瑟夫逊预言，超导体中配了对的电子，也会拖一个尾巴到氧化层中，使绝缘层成为弱超导体，允许电流无阻通过。这就是超导隧道效应。无电阻状态下氧化层两侧也不会有电位降，可以看作 0 状态。电流超过临界值时，氧化层恢复到有电阻的正常状态。这时出现电位降，可作为 1 态。由于超导转变非常之"陡"，开关时间可能达到几个皮秒的量级。

目前实验室中制备的约瑟夫逊"隧道结"器件，是先在硅表面上真空沉积一层可以超导的金属，然后作上极薄的氧化层（通常为 3 纳米左右，即约 15 层原子），绝缘层上面再制备一层薄膜电极。用 1 毫安左右电流偏置的约瑟夫逊结，可以靠增加电流或由另一个电路产生的磁场，由零电阻态转到有电阻态，产生约 2 毫伏的电位降。这样的器件，功率消耗为微瓦量级，开关时间可达 10 皮秒。后者主要是由结的电容充电时间决定的（我们在本书中已经几次提到 *RC* 常数）。这样的开关速度虽然与最快的半导体器件比优势不大，但功率消耗却低千倍以上！

用作逻辑器件的超导元件，通常是由两个或更多的约瑟夫逊结组成的"超导量子干涉器件"，按几个英文字头缩写为 SQUID。注意，这不是鱿鱼（squid）！在一个 SQUID 转入电阻态时引起的电流变化，可用来诱发另一个 SQUID 的动作，从而构成各种逻辑组合。

超导隧道效应器件既然有这么多好处，为什么至今还没有研制出真正的超导计算机呢？主要有两个原因：一是仍然需要探求合适的材料，二是长期维持低温状态的费用昂贵。

早期实验室中的超导器件多用铅铟金合金（在 7K 发生超导转变）或铅铋合金制备。中间是铅铟氧化物绝缘层。它们的开关性能良好，但机械性能欠佳。问题在于超导计算机虽然要长期在低温下运转，但不可避免地要在室温进行维修。由于硅衬底，铅合金和氧化物的热膨胀率不同，经过若干次冷热循环后，薄弱的绝缘层就会发生断裂，使器件失效。

用集成电路工艺把成千上万个 SQUID 做到硅衬底上时，必须保证所有元件参数的一致性。例如，各个 SQUID 的临界电流必须相同。为此绝缘层厚度的控制必须精确到单原子程度。事实上，把 3 纳米的氧化层厚度维持到 0.05 纳米的精度，临界电流仍会有 ±15% 的起伏。

1987 年初，中、美、日科学家先后在超导研究中做出重大突破，发现了转变温度在 100K 上下，在液氮温度下完全没有电阻的高温超导体。这类多元陶瓷材料，完全不同于过去人们熟悉的金属和合金超导体。超导转变温度的大幅度攀升，大为提高人们对于超导技术、包括超导电子学和超导计算机的期望。各国的科学技术管理部门纷纷把高温超导体当成大金娃娃，投入大量人力物力。然而，将近 30 年过去，对于高温超导体的物理性质、超导机理和工艺性能虽然增加了不少知识，但金娃娃仍未出世。新的高温超导材料中性能较好的铋锶钙铜氧多元化合物（铋超导体），超导转变温度高达 110K，可以加工成数公里长的条带。2000 年日本有人用铋超导体的晶须制成了约瑟夫逊超导隧道结，但为了适应适合大规模生产，其工艺和性能都需要继续研究改进。

总而言之，超导计算机只是未来高性能超级计算机的一种可能方案。IBM 公司在 20 世纪 60 年代初建立过一支队伍，专门研究超导计算，但是在 1983 年停止了相关工作。日本政府支持的超级计算机计划中，也曾把约瑟夫逊结器件和砷化镓器件一起列为不同于硅器件的选择方案。可能在室温运行的自旋微电子器件的兴起，更是削弱了对超导元件的迫切需求。特别是因为超导元件的进步远远赶不上半导体 CMOS 工艺的发展，直到 2016 年还没有商品化的超导计算机问世。近些年来，超导计算机的研究渐趋沉寂。目前，超导元件主要用于量子计算的实验，研究工作还在继续。

分子电子学

关于利用分子和原子内部的电子跃迁和能量转移过程制造分子元件的设想由来已久。1959 年费曼在一篇题为"底下还大有空间"的演说中，就已经预见了纳米尺度上的技术前景。1961 年本书作者之一在一篇关于高分子半导体的研究论文[①]结尾处曾经写道："也许'分子电子学'会从而开始蓬勃发展罢？"半个多世纪过去了，关于分子器件的建议和实验层出不穷。用视紫红蛋白作存储器件，用类似血红蛋白和叶绿素的有机分子做开关元件，有过许多诸如此类的估计和尝试。虽然离开真正可靠实用的器件还大有距离，但确实出现了许多极富启发性的设想。

能不能仅仅靠增减一个电子就实现开关？能不能在导线中加一个电子就改变其电导？能不能在分子器件的一端做小小变化，就在另

---

① 郝柏林、陈式刚、刘德森，中国科学，10（1961），653。

一部分引起雪崩式的大效应？能不能利用分子识别来控制电路导通，就像生物细胞表面受体因结合不同的蛋白质而在细胞内开通不同的生物化学反应途径？制备单个的微小器件或许不难，但如何才能大面积、高密度地在芯片上布置电路？这不是按比例缩小现有工艺就做得到的。能不能避开在日益减小的尺度上实现光刻、腐蚀、外延、掺杂这些细致的工艺，而让电子器件像生物细胞一样自行生长、自动组装？

让我们暂时放下这些富于挑战性的畅想，考察两类在实验室里已经研究得很多的对象：纳米碳管和石墨烯。它们也可以看作是人工制备的分子结构。

人工生长的直径 1～2 纳米、长度 1～2 微米的碳管，如果两端封以金属电极，侧面加上栅极，就可以控制局限其中的单电子状态，实现一个量子位。2004 年年初，哈佛大学的一个小组进一步借助碳管中的自然缺陷，实现了两个量子点。他们可以单独调节一个量子点的能级，也可以靠调节两个量子点之间的隧道效应，改变两个量子点之间的杂化程度。由于这个系统的自旋轨道耦合很弱，而且核磁矩等于零，在室温下就可以看到量子效应。

可以把纳米碳管埋在 MOS 场效应管的源极和漏极之间，形成可控的导电沟道。例如，当碳管的直径为 1.2 纳米、控制栅的电压为 1 伏时，可以调制达几个微安的电流。图 9.5 所示（见文前彩图）[1]，就是一只实验碳纳米管场效应三极管的相片。它的用金（Au）做的源极和漏极之间有一根纳米碳管，硅控制栅在图中氧化硅（Si）$_2$ 绝缘层下面。调节控制栅电压可以改变电流 10 万倍。

让六角的苯分子环连续地在平面上展开，构成只有一个原子厚度的二维结构。人们原来以为无法实现的这种材料，居然在 2004 年被英国曼彻斯特大学的两位物理学家安德烈·海姆和康斯坦丁·诺

---

[1] 此图取自 www.nanopicoftheday.org，2005 年 2 月 20 日。

沃肖洛夫成功地研制出来，并且命名为石墨烯。石墨烯是几乎透明的比金刚石更坚硬的人造材料，它在常温下的热导率和电子迁移率比纳米碳管要高，在制备集成电路、光敏元件等方面极有前途。利用石墨烯制造各种器件的报道和设想层出不穷。一种乐观的估计认为，它有可能在将来取代硅而成为通用的电子材料。石墨烯的两位发明人共同获得了 2010 年度的诺贝尔物理学奖。

DNA 计 算

我们在本章前几节仍然着眼于较为现实的前景，因而所介绍的有些事情正在实验室门口跃跃欲出。如果允许对未来的计算和计算机再发挥一点畅想，那还有很多可能性应当提及。生物计算机和量子计算机就是两个这样的题目。

实现分子器件和分子电子学的最大的障碍，在于人们往往不能跳出普通电子器件的框框，还是力图用有机分子来模拟无机半导体元件中的过程。然而，1994 年艾德曼在美国《科学》周刊上发表的 DNA 计算的实验可谓独出心裁、另辟蹊径。

我们在第七章末尾提到了冯·诺伊曼计算机难于解决的 NP 问题。艾德曼就选取了著名的"货郎担"问题来演示他的计算思想。"货郎担"问题要求一位走村串乡的卖货郎走遍 N 座村庄，每座村庄必去而且只去一次。通常要指定始发和最终到达的村庄。在图论中这对应艰难的"取向哈密顿路径"问题。如果 N 不太大，可以穷举一切可能的路径，从中挑出合乎要求的答案。当 N 较大时，穷举法超乎一切冯·诺伊曼计算机的能力。艾德曼以纯粹生物化学和基因工程的手段，用一大批 DNA 分子产生了正确的答案[①]。

DNA 双螺旋由两条高分子链配对组成，每个高分子由 4 种"单体"（核苷酸）聚合而成。我们可以不管核苷酸的具体结构，把它

---

① 下文的例子来自：http://arstechnica.com/reviews/2q00/dna/dna-1.html，2005 年 2 月 20 日。

们记做 A、C、G、T。配对的规则是一条链中的 A 对应另一条链里的 T，而 C 对应 G，反之亦然。例如，下面就是一段合乎配对规则的 DNA 双链：

GCTACGCTAGTATCGTACCTACGGATGCCG
CGATGCGATCATAGCATGGATGCCTACGGC

在继续介绍艾德曼的实验之前，我们先点名一批基因工程中成熟的手段，但不介绍细节[①]：

第一，可以人工批量合成任何指定的短串，例如上链中每 6 个字母组成的短串：GCTACG、CTAGTA、TCGTAC、CTACGG、ATGCCG，或者下链中错开 3 个字母以后得到的短串：TGCGAT、CATAGC、ATGGAT、GCCTAC 等。

第二，可以借助"限制性内切酶"把 DNA 双链在指定的"位点"剪断。限制性内切酶和它们识别的剪切位点有很多选择，可以根据需要向厂家订购。

第三，如果对于长长的双链中特定的一段感兴趣，可以靠"聚合酶连锁反应"（简称 PCR）在很短时间里把这一段扩增 10 亿倍以上，即把一条变成等同的 10 亿条。PCR 机目前是标准的自动设备。

聚合酶连锁反应的基础是 DNA 双链在温度高到一定程度时分开成单链。这时只是双链间配对用的氢键打开了，单链内的共价键并未受到影响。温度降低以后，单链会慢慢地找到一起，重新组成双链。如果在溶液里事先放好同我们感兴趣的片段两端配对的专门合成的短串（"引物"），许多这样的短串会抢先结合到与自己配对的地方，并在聚合酶的帮助下长成双链。

第四，如果有一大批长长短短的 DNA 混合物，可以靠"凝胶电泳"的办法把它们按分子量分开。凝胶电泳也是标准的实验室设备。

---

① 参看：郝柏林、张淑誉，生物信息学手册，第 2 版，第 3.6 节，上海科学技术出版社，2002。

我们现在已经准备就绪，可以介绍艾德曼的实验思想了。首先，为每个村庄起一个用 6 字母表示的名字（村庄总数较多时可用更长的串）。例如：

第 1 村　GCTACG

第 2 村　CTAGTA

第 3 村　TCGTAC

…　　…

第 N 村　ATGCCG

现在，任何两座村庄和它们之间的一条路可以表示为一段局部的双链。例如：

第 1 村到第 2 村　GCTACGCTAGTA

TGCGAT

第 1 村到第 3 村　GCTACGTCGTAC

TGCAGC

第 1 村到第 N 村　GCTACGATGCCG

TGCTAC

…　　　　　…

同两个村名前后各 3 个字母配对的 6 字母串可以叫作路名。我们一共有 N 个村名和 $N(N-1)$ 个路名。设计这些名字时必须排除可能的退化情况。例如，很容易禁止从本村出去立刻又回来。然后大量合成或者订购这 $N+N(N-1)$ 种短串。这里的"大量"真是极其巨大的数字。我们不妨做一个简单的估计。每个核苷酸的分子量大约是 310 道尔顿（氢原子的"分子"量是 1 个道尔顿）。无论什么纯物质，每个克分子的分子数目都是 6×10^{23} 个（阿伏伽德罗常数）。于是每 1 克 6 字母串含有 $6\times10^{23}/1800 = 3.3\times10^{20}$ 个短串。

把所有这些短串放到瓶子里，让它们聚合和配对成各种各样的长短链。注意，这里得到的是一切可能的组合，而且每种组合都可能出现很多次。用 PCR 和恰当的引物选出并扩增头尾是指定村庄的链。然后再用凝胶电泳分离出恰好包含 N 个村庄的链。从这些 DNA 链里排除有重复 6 字母串者，剩下的 DNA 链就代表正确答案。虽然我们还是省略了不少技术细节，读者也不难看出这套算法的新颖特别之处：它完全没有使用电子元件和电路；它不拼时间去求一个解，而是利用 DNA 存储一切可能的好解和坏解。这是一套概率论而非确定论的算法。

艾德曼的贡献在于明日可能开花结果的新思想，而不是今天的实用性。他的 DNA 计算为了解决 7 座村庄的定向哈密顿路径问题，竟花了 7 天时间。然而，这是一次实现非冯·诺伊曼计算的成功演示，它表明未来有可能在一个试管里每秒进行 10 万亿次加法。因而极富启发作用。

量子信息和量子计算

量子信息和量子计算是近些年颇为活跃的研究领域。这不仅是为了应付纳米尺度上必然出现的量子现象，而且蕴涵着全新的处理信息、进行计算和实现计算机的可能性。只要不把大胆的设想和实验室里的雏形说成唾手可得的现实，就应当鼓励人们进行认真的研究。我们对量子信息的理解宜着眼于更大的视野，把量子密码、量子通信、数据隐藏等可能性都涵盖进来，而不要局限于量子计算。

信息不仅靠物质做载体，而且是物质运动、结构和相互作用复杂程度的一种度量。生物个体的发育和群体的演化基于信息的复制、传输和表达，这已经被现代分子生物学所证实。微观世界遵从量子法则。从原则上讲，量子信息包含着经典信息。然而，迄今为止的信息技术基本上限于经典信息。量子信息所蕴涵的新的可能性还有待于深入认识和开发。

用单个的原子或电子进行逻辑操作或储存信息，达到极高的元

件密度。这是最容易想到的可能性。可以设想用一个原子的能量为 E_0 的基态 $|0\rangle$ 代表 0，用某个能量为 E_1 的激发态 $|1\rangle$ 代表 1。这个原子可以储存一"位"0 或 1，与普通的布尔逻辑变量没有什么两样。然而，用 E_0 和 E_1 两个状态的波函数可以叠加出无穷多能量在两者之间的状态。由于线性叠加的特点，对叠加态的运算相当于对其各个分量同时进行处理。这就是所谓"量子并行"。这是一个"量子位"或"量子比特"，英文中为它造了一个新字 qubit。一个量子位是 $|0\rangle$ 和 $|1\rangle$ 两个状态的叠加 $\alpha|0\rangle + \beta|1\rangle$。两个量子位可以对应 4 种状态 $|00\rangle$、$|01\rangle$、$|10\rangle$ 和 $|11\rangle$ 的叠加态（第一个量子位写在前面，第二个写在后面，它们是可以分别实现和辨认的）。N 个经典的二进制位有 2^N 种可叠加的组合，但每次只能实现其中一个。N 个量子位的叠加一下子就包含了多达 2^N 种状态分量，对它们的运算是高度并行的。量子位体现出经典体系里没有的"量子并行性"。

人们建议和尝试了许多制备量子位和实现量子逻辑门的理论方案和实验办法：

（1）利用超导隧道约瑟夫逊结中库泊对的电荷或超导环中的磁通。

（2）利用单个或多个量子点，例如约束在纳米碳管中的单电子态。

（3）利用硅中磷杂质原子的核自旋的理论方案。

以上几种利用固体器件的方法有可能把制备大规模集成电路的成熟工艺用于量子计算，因此备受日本研究者青睐。

（4）利用激光冷却的单个离子的两个电子轨道（离子陷阱法）。

（5）利用一个分子向上和向下的两个自旋（核磁共振法）。IBM 公司实验室在 2001 年用此法实现过 7 个量子位的系统。

（6）还可以利用谐振腔中原子和通过分束器、反射镜等光学器件产生的极化或分束光子。不过，光子方法目前主要用于量子通信实验。

制备、保存和控制特定的叠加状态在量子信息处理中有关键作用。用两个量子位形成的叠加态 $\alpha|00\rangle + \beta|01\rangle$ 可以分解为 $|0\rangle(\alpha|0\rangle +$

$\beta\,|\,1\rangle$)。另一种叠加态 $\alpha\,|\,00\rangle + \beta\,|\,11\rangle$ 就不能分解开，特称为纠缠态。纠缠态是一种特殊的多粒子叠加态，叠加态不一定是纠缠态。纠缠态在量子密码学和量子态通信传输中起着特殊作用。可以把处于纠缠态的两个光子分别送到两地，对其中之一的测量与另一光子的状态密切关联。2012 年中国科学家首次实现了地面上 100 公里距离的量子纠缠态传输，为实现量子通信卫星做技术准备。2016 年 8 月 16 日，中国在酒泉卫星中心，成功发射了世界上第一颗量子通信卫星"墨子号"，开始了 400 公里以上的空间量子通信实验。不过，我们还是把注意力移回到不那么成熟的量子计算问题。

许多经典计算本质上是确定论的。例如，两数相加有确定的算法。有些问题虽有确定算法，但是计算时间超出一切现有计算机的实际可能性。把一个给定的整数 N 分解为素数因子，就是这样的问题。只要 N 不是素数，那它一定在 1 和 $\sqrt{N}$ 之间至少有一个因子。最简单的办法就是一个一个数去试除，只要找到一个因子，问题的规模就缩小下来。然而，用这样的办法去分解一个 300 位的整数，在现代最快的超级计算机上至少也得连续计算几百万年。目前密码学中使用的某些"公开密钥"就是基于整数的分解。这样的密码虽然原则上可以破译，但所需计算时间太长。

可以设想在 1 和 $\sqrt{N}$ 之间随机抽取整数试除。如果"运气"好，也许会较早碰上一个因子。这是一种概率算法。不过在经典的计算机上实行这样的概率算法，并没有节省时间的把握。量子体系就不同了。量子力学的概率是状态波函数绝对值的平方。叠加状态的波函数是一个复数概率幅度。利用量子并行性对许多概率幅度同时进行计算时，它们之中有可能发生互相抵消，从而令计算集中到有可能导致正确结果的组合上去。1994 年寿尔针对整数分解问题建议了原则上可行的量子算法。不过，当时实验室里能够做到的实际系统，只足以用量子计算分解 15 这样的小小整数。无论如何，量子计算的可能性已经被证实，它已经引发了许多后继研究，也把量子计算机的实现提上了日程。

已经从理论上证明，实现量子算法原则上只需要两种量子逻辑操作。一是单量子位的"旋转"，二是双量子的"受控制非"门。1995 年就有人用离子陷阱法制备过双量子位的"门"。日本电气（NEC）和理化研究所（RIKEN）1999 年用固体器件实现了前者，又在 2003 年初步展示了双量子比特"受控制非"门的实验。虽然所使用的仍是低温下的超导量子相干器件（SQUID），但原则上演示了用固体器件实现量子逻辑的可行性。

不论用什么器件实现量子计算，最终结果要在打印机、荧光屏这些属于经典物理对象的设备上表现出来。这里涉及量子力学中的测量问题。用经典仪器对量子系统进行测量，会干扰和破坏量子状态。即使不进行测量，量子器件也处在宏观环境中，同环境的相互作用会破坏量子状态的相干性，造成"去相干"效应。顺便说，相干性不是 coherence 一词的恰当译名，"一致性"反而更确切一些。实际系统中只要在环境的"去一致性"作用显现之前来得及完成若干量子操作，就不会造成克服不了的困难。

总之，切实可行、廉价高效的量子计算机看来还很遥远。然而，在科学上永远不要轻易说"不"，也不要大言惑众。要重视新思想、更要尊重实践，耐心等待时间检验。这也是我们对待量子计算机的态度。

*　　　　*　　　　*

在结束这一章的时候，我们不妨再想一下物理和计算的界限在哪里？一般说来，凡是没有被充分认识的自然现象，属于（广义的）物理学研究领域；一旦掌握了客观规律，相应的物理现象就可能用于计算，包括模拟计算。未来的计算机和物理学有着长期不解之缘。

第十章
没有结束的话

　　我们在"再版前言"中说，电子计算机是人类学会用火以来最伟大的发明，这是因为人类科学和生产的一切领域从来没有过可以同计算机比拟的进步速度。赤足步行和乘坐亚音速的空中客车380-800飞机，速度之差不超过200倍。从1945年到2016年的71年间，最快的计算机的峰值浮点运算速度增加了10亿亿倍。同样重要的是，这一切技术进步伴随着生产成本的降低。1958年一只半导体三极管售价大约10美元，而2000年可以用大致相同的价钱购买一个含1亿只管子的功能强大的芯片。2014年苹果公司为iPhone 6手机推出的A8芯片包含20亿个三极管，制作成本只有约20美元。这性能价格比的大幅度提高并不来自生产厂家的经济核算，而是来自物理学家从自然规律中发掘出的可能性和工程师们把科学可能性变成技术现实性的努力。

　　计算速度的迅猛提高，显示出许多过去难以想象的发展前景，即使是每天与计算机打交道的科学和技术工作者，也必须时时瞭望全局和未来，勤于掌握新的知识，才不会囿于原来熟悉的领域，在不知不觉中落后于时代的步伐。因此，我们最好不要用几句老生常谈来结束这本小册子，而是提几个问题，作一些反思和预测，并和读者一起去实践。

　　电子计算机将彻底改变整个科学研究，包括基础研究的过程和方法，改变科学工作者的生活方式。现在还有一些科学工作者对这种变化没有充分的认识和准备。我们应当对未来有清醒的估计。在

人类计算速度的变化

这本书里已经反复强调过，计算机的功用绝不限于计算。事实上，"计算"占用整个计算机资源的比例将越来越小。绝大部分计算机资源将用于提高人的脑力劳动的本领和效率，其中包括科学实验的效率。

"实验"一词将更为频繁地表示计算机实验。绝大部分力学、物理、化学和生物的实验工作，以及工业研究里的中间实验，将先在计算机上模拟、优化、比较和选定方案，最后才付诸真正的实验。这将大为缩短研究周期，节约人力和物力。实验室的计算机化是不言而喻的普遍要求。MD（分子动力学）、MC（蒙特卡洛抽样）、CA（元胞自动机）和另一种 CA（计算机代数），都会成为科学工作者手中的常规兵器。

抽象思维将更多地形象化，理论工作者将经常动手做"实验"。纯粹数学和理论物理这些传统的需要抽象思维的学科，由于海量数据视像化和计算机图像的帮助，增加了更多形象思维的成分，发展出特殊的"实验性"分支。"实验数学""模拟物理学"已经诞生。它们对十分"抽象"的领域，也会起具体的推动作用。理论工作会更多摆脱"个体劳动"的色彩。不同地区的科学工作者将由计算机系统连接到一起，共享知识财富、从事合作和创造。

电子计算机本身是高度"分析"的产物。无论多么复杂的问题，最终分解为"与""或""非"这些简单的逻辑关系，可以说是分析"到头"了。然而，正是电子计算机提供了实现高度综合的手段。想一想大规模集成的存储器芯片吧。每片 1Gb（10 亿位）的 DRAM 在 2001 年已是正规产品，8×8Gb（640 亿位）的 DRAM 存储器早在 2014 年已经是可以订购的商品。4000 本百万汉字的专著可以存在一个这样的芯片中。在 21 世纪内，人类全部科学技术的书面成果就可以记录在火柴盒大小的空间中，人人可以带着它旅行。问题倒是如何迅速检索和显示所需的知识。人们的学习过程和现存的学科划分都会改变。科学工作者将比较容易地转入和熟悉其他学科领域。他们不再是狭隘分工的奴隶。恩格斯所预言的，自然科学的发展所不能逃避的"辩证的综合"（参看《反杜林论》第二版序），将借助电子计算机而加速。

纸质的学术期刊将主要起存档作用，学术交流将越来越多地以电子形式通过互联网进行。20 世纪 80 年代全世界化学刊物的种类已经上万。《化学文摘》和《物理文摘》也都已卷帙浩繁。其实，编辑、印刷、运销和保存大量刊物是一种浪费极大，效率极低的不合理现象。科学工作者将直接向全球性的知识共享系统提供自己的成果，这个系统对论文进行核查和检验，按不同的层次提供使用。那些久经考验、被普遍公认的成果，将进入知识系统的核心层次，成为人类精神财富的重要组成部分。

电子计算机将进入精神生产和社会科学领域，不仅作为文字处理的工具，而且成为研究手段和"实验"室。古老的汉字，将因为计算机技术的进步而保持和发展下去，而不致被拼音文字所取代。电子计算机深入人类社会生产和生活的各个方面，必然要提出一些新的心理学和认识论问题，而它自己也提供了协助解答问题的有力工具。

写在上面的，并不是科学幻想小说的提纲，而是已经开始或很快就要发生的事情。

我们在这本小册子中反复讲述了物理科学和计算机技术如何在相互作用中发展，基础研究怎样为计算技术的进步准备了物质基础，计算机又如何把基础研究和整个科学技术推向前所未有的高度。回顾半个多世纪以来美、苏、日、中四国在计算机发展方面所走过的道路，是颇具启发意义的。

20 世纪的前 50 年里，世界物理学发展的中心从欧洲特别是德国转移到美国。半导体及其物理的研究基本上在欧洲完成，美国又从欧洲获得了大批训练有素的学者。第二次世界大战期间雷达和核武器的研究促进了电子和材料两方面的技术发展。在此基础上，导致电子计算机突飞猛进的发明几乎全部产生在美国几家重视研究和开发的公司实验室里。

苏联人民在反法西斯战争中以英勇牺牲维护了世界历史的进步,在科学技术的发展条件上也落后于远离战场的北美。然而,还有影响了苏联计算技术进步的两个事件,似乎并没有引起科学史界的重视和分析。第一,曾对苏联科学政策举足轻重的约飞院士对于半导体的发展方向做了错误判断。本人就是半导体专家的约飞,认为半导体的主要用途在于光电、热电、制冷等功能,严重忽视了其电子性质的潜力。苏联科学院在 20 世纪 50 年代初发表的两大卷《半导体技术和应用》(有汉译全文),集中反映了这种观点。第二,由于意识形态的原因,把控制论等对计算技术发展至关重要的科学理论批判成"资产阶级伪科学"(见尤金院士主编的《简明哲学词典》)。科学决策的失误和政治对科学的过分干预,对于那片土地上计算机技术发展的负面影响延续了几十年。

第二次世界大战后的日本,科学研究的环境曾极为困难。然而,汤川秀树在战前、朝永振一郎在战后获得诺贝尔物理学奖,其工作都是在军国主义猖獗的本土上完成。这说明日本的物理学基础研究已经达到相当高的水平。人存事兴,20 世纪 50 年代日本学者们曾坚持油印出版《物性论研究》。他们的工业技术也逐渐恢复。到了 20世纪 80 年代中期,日本的大规模集成电路和计算机技术已经咄咄逼人,大有超美之势。1986 年美国总统科学顾问基沃斯在一次晚餐会上从衣袋里拿出一片 IBM 公司刚刚研制成功的优于日本的大规模集成电路芯片,说美国的力量在于研究和教育,而"基础教育和基础研究是政府的责任"。事实上,30 年来美国的计算机技术特别是软件的发展一直领先于日本。日本"第 5 代计算机"的雄心勃勃的计划以失败告终。其原因之一在于物理学基础研究的知识和人才积累,就深度和广度而言都还不能与美国同日而语。日本人对此是有所认识的,他们在超导计算、量子计算等长远目标方面一直坚持不懈,在基础研究方面的投入也不断增加。

我国在 1953 年抗美援朝战争结束后,得以集中力量从事经济建设。1956 年提出"向科学进军"，当年制定《1956—1967 年科学技术发展远景规划》。由于从西方回国的黄昆、王守武、林兰英、谢希德、黄敞、成众志、王守觉、吴锡九等学者熟知国际发展情况，及时把半导体和计算机列入《1956—1967 年科学技术发展远景规划》的四项紧急措施。北京大学、复旦大学、吉林大学、厦门大学和南京大学联合在北京举办半导体物理专业班，为我国培养了第一批半导体人才。我国在 1957 年拉出锗单晶、1959 年拉出硅单晶、1962 年拉出 GaAs 单晶；1962 年掌握硅外延工艺、1963 年开始用平面工艺生产晶体管，1965 年生产 DTL 小规模集成电路、1966 年制成 TTL 电路（我们在第三章里点过这些逻辑电路的名字）。考虑到原来的起点甚低，这样的发展速度不可谓不快，与国外先进水平的差距也不算大。从 1965 年到 1980 年的 15 年间，我们在国际上受到孤立和封锁的环境中发展集成电路工业，研制了从每秒十万次到千万次的几代电子计算机。与国外的差距虽然有所增大，但保持了比较完整和独立的研究与生产体系。

改革开放以来，我们有了比以往任何时候更为有利的国际环境。我国的半导体和计算机生产厂家经历了各种重组和改革，不少成为与国外合资的企业。我国各地先后引进了 3 英寸、6 英寸、8 英寸、12 英寸的硅单晶生产线。一方面，我们的某些材料、元件和整机产品已经打入国际市场。另一方面，在研究、开发和生产的若干关键环节上却出现了不易在短期内弥补的空缺，以至造成战略上的潜在危险。从自力更生、步步紧跟到"借鸡生蛋"、全面引进，风风雨雨 60 年。然而，审视我们的科学发现和技术发明，唯独缺少诞生在这片土地上的创新贡献。问题出在哪里？是我们的科学技术人员不行，还是另有原因？

我国 20 世纪 50 年代研制出第一台大型电子计算机时，比美国只差十几年，与日本、苏联所差更少。经过 60 多年的发展，我们在计算技术方面确实有了巨大进步，而同国际先进水平的差距也比那时增大。这种差距仍有着继续增加的趋势。中华民族创造的古老文明，可以说是地球上唯一历数千年而不衰的文明。然而，我们也面临着严峻的挑战。电子计算机和物理学互相促进的历史再一次告诉我们，必须靠富有远见的、长期稳定的科学和技术政策，保证从基础研究到应用发展的纵深部署，才有希望赶上时代前进的步伐！

我们在这里要特别评述"基础研究要有国家目标"和"有所为有所不为"的提法对今后我国的科学技术发展所可能造成的影响。就字面而言，这两句话都是无可非议的。然而，国家目标必须是长远战略，而不应是项目指南甚至科技官员划分势力范围的"令牌"。这首先就是要相信我国科学和技术人员为中华民族崛起而献身的决心，不是借蝇头小利而是靠民族大义来调动一切人员的积极性和创造性，公平、合理、透明地利用有限的资源，为中华民族对人类社会的进步多做贡献而不懈奋斗。

另一个关键问题是由什么人来制定"国家目标"和规定"为"与"不为"的界限？是那些早已脱离研究前沿的科学官员，甚至从来没有做过真正科学研究的管理干部，还是发扬科学民主，让来自第一线的真知灼见"上达天听"？绝大多数在前沿奋斗的科学和技术工作者们，多年来痛感科学技术政策和研究资源分配方面的弊病，同时又无可奈何，被动地在行政指挥棒下浪费时间和精力。此情此景何时休！

马克思在 100 多年前就曾指出："生产方式的革命，在手工制造业，是以劳动力为出发点；在大工业，是以劳动手段为出发点。"[①]在人口众多的中国，有过长期依靠劳动力，而轻视劳动手段的历史。到了电子计算机的时代，重视劳动手段，首先表现为尊重知识、尊重人才、尊重科学发展的客观规律。有耐心阅读本书到这一行的读者，对此当已有新的体会。朋友，再多学习些物理学和计算机科学，更有成效地为中华民族的崛起而奋斗吧！

---

① 《资本论》第一卷，人民出版社，1963 年，394 页。

英汉对照兼索引

104 机 38，39，101

ADC 模数转换器 123，124，238

Adelman，Leonard 艾德曼 224，225，226，227

Alferov, Zhores I.阿勒费若夫 70

Arnold，V.I.阿诺德 149，175，170

arxiv.org 国际电子预印本库 97

Babbage，Charles 巴比奇（1791～1871）33

Bardeen，John 巴丁（1908～1991）48，49

Barlow's Table 巴罗表 7，138

baud 波特 100，104，105

Beowulf 贝奥伍尔夫 113

Bethe，Hans 伯特 3，4，5

Bohr，Niels 玻尔（1885～1962）

Boltzmann，Ludwig 玻尔兹曼 148，154，178，181，182，198

Boole，George 布尔（1815～1864）23，228

Brattain，W.布拉顿 48

browser 浏览器 106，107

bytecode 字节码 90

C++语言 84，85，86，89，95，113，192，

CAMAC 标准 130，131，132，133

CCD 电荷耦合器件 59，129

cellular automaton 元胞自动机 166，175，176，177，178，213，233

CERN 欧洲联合核研究中心 85，106，107，108，109

Chaitin，G.J 柴亭 189

Chomsky，N.乔姆斯基 190，191，192

Church，Alonzo 彻尔赤

class 类

CMOS 54，57，58，59，60，64，119，192，198

CMOS 逻辑 54，57，58，59

coarse-graining 粗粒化 163，164，192，193

Cocke，John 寇克 32

coherence 相干性 230

Curie，Piere 居里·皮尔 217

DAC 数模转换器 123，124

daisy chain 菊花链 127

DARPA 美国国防先进研究计划署 105

DDR DRAM 双倍速动态随机存储器 64

de Forest，L.德佛瑞斯 25

de Vries，G.德伏里斯 146

decoherence 去相干 230

Delaunnay，C.德劳耐 138

Dietzgen，J.狄慈根（1828～1888）33

Dirac，P.A.M.狄拉克 3

DMA 直接内存访问 130

DRAM 动态随机存储器 38，61，64，65，219，233

EDVAC 计算机 33

Ekert，J.P.艾克特 16，27

ENIAC 计算机 28，99

EPROM 可擦写只读存储器 62

ESONE 欧洲电子学标准规范委员会 130，132

Ethernet 以太网 105，114，127，131

Fermi，Enrico 费米 4，45，142，143，144，145，146，149，160

Feynman，R.费曼（1918～1988）5，85，139，222

flash memory 闪存 219

Fleming，J.A.弗莱明 24

Ford，Joseph 福特 150

Forrester，J.福雷斯特 36

Fowler-Nordheim 傅勒-诺德海姆 62

FSF 自由软件基金会 95

FTP 文件传送协议 107

Gatz，Bill 盖茨，比尔 81

Gigabit Ethernet 吉位以太网 114，127

GMR 巨磁阻效应 71，72，218

GNUware GNU 软件 95，96

Goldstine，H.H.哥德斯坦 16，32

GOTO-less 程序设计 88

graphene 石墨烯 223，224

grid 网格 108，109

Hénon，M.伊侬 150

Helfrich，贺福利希 95

Hellerith，H.赫勒里斯，5

HEMT 器件 201，207，211，212

Holland，John 贺兰德 183

HTML 超文本标记语言 106，107

HTTP 超文本传输协议 106，107

hypertext 超文本 106，107

IBM 公司 3，5，32，36，37，71，81，84，85，91，99，100，105，113，117，127，206，222，228，235

IEEE-488 125，126

IEEE1394 124

Internet 互联网 97，104，106，107，108，109，113，129，234，239

Ioffe，A.F.约飞 235

IP 互联网协议 107

JAVA 语言 86，90，93

Josepson，B.D.约瑟夫逊（1940～）201，207，220，221，222，228

Kamerlingh-Onnes，H.昂内斯（1853～1926）219

Kasparov，Garry 卡斯帕洛夫 117，118

KdV 方程　146，147

Keyes，RF.W.基斯　206

Kilby，Jack 基尔比（1923～　）63

Kolmogorov，A.N.柯尔莫果洛夫

Korteweg，D.J.科尔特威　146

Kroemer，Herbert 克罗莫尔　68

LAN 局域网　104，105

Lindenmayer，Aristid 林登梅耶
（1925～1985）192

LISP 85，86，140

look and feel 观感　93，94

Lorenz，E.N.罗伦兹　152，153

Los Alamos 洛斯·阿拉莫斯　96，
142，143，182

Manhatten project 曼哈顿计划
4，5

MANIACI 计算机

MBE 分子束外延　211

Mersenne，M.梅森　103，109

MFC 微软基本类　93

Mitropolis，N.米特罗包利斯　6，
182

MOCVD金属有机化合物气相淀
积　211

modem 调制解调器　104

Molecular Dynamics 分子动力学
xiii，154，155，156，157，233

Monte Carlo 蒙特卡洛　178，180，
181，233

Moore，Gordon 摩尔　66，67

Moser，J.莫塞尔　149

MOSFET 金属-氧化物-半导体场
效应管　53，62，217

MPI 消息传递界面　113

MPP 大规模并行处理系统　112

MR 磁阻效应　71，218，239

MRAM 磁性随机存储器　38，218

MS DOS 微软磁盘操作系统　94

NEC 日本电气　230

Needham，Joseph 李约瑟（1900～
1995）2

NIM 核电子仪器方法委员会
130，131，132，133

NMOS 53，54，57，58，59，60，
61

Noyce，Robert 诺伊斯（1927～
1990）63，64

NP 完备问题　xiv，177，183，184，
185，186

NSF 美国国家科学基金会　105，
106，107

object 对象　4，28，31，88，89，
93，96，107，134，136，158，
162，171，223，230，240，
244

OOP 面向对象的程序设计　88

Pancaré，Henri 庞加莱　145，150

Parisi，Georgio 帕里希　110，158

Pasta，J 巴斯塔　143，145，146，
148，149，240，241，242，
243，244，245，246

Pauling，Linus 泡令　48

PCI 外部设备连接总线　xiii，
124，127，131

PCR 聚合酶连锁反应　225，227

Perl 语言　96

PMOS 54，58，59，60，62，64

PNAS 美国科学院院报　97

POP 面向过程的程序设计　88

PROM 可编程只读存储器　62，
239

protocol 协议　106，107

PVM 并行虚拟机 113

Python 语言 96

qubit 量子位 213，223，228，230

Richardson，O.U.里查森 24

RIKEN 日本理化研究所 230

RISC 简化指令集合计算机 32，100

ROM 只读存储器 60，61，62，72，73，74，80，

Röntgen，W.C.伦琴（1845～1923）95

RS232 C

Russel，J.Scott 罗素，斯科特 146，147

Sanger，Frederick 桑格尔 48

script 脚本 83，93

SDRAM 同步动态随机存储器 64

Shannon，C.E.香农 23，198

Shockley，W.肖克莱 48

Schottky，W.肖特基 42，57

Shor，P.寿尔 229

Sommerfeld 索末菲 173

SQUID 超导量子相干器件 230

Stallman，Richard 斯陶曼 95

STL 标准模板库 89

symplectic 辛 181

TCP 传输控制协议 107

TMR 隧道磁阻 71，219

Torvalds，Linus B.托瓦勒茨 96

Turing，Alan 图灵（1912～1954）32，34，35，141，177，186，188，189，192

Turing 计算机

Ulam，S.乌勒姆 xiii，142，143，145，146，147，148，149

UNIVAC 计算机 99

URL 资源统一标识符 107

USB 通用串行总线 xiii，62，72，124，127

VMEbus 虚机环境总线 131，133

von Neumann，John 冯·诺伊曼 xi，3，4，6，15，16，18，27，28，29，31，32，33，34，78，79，109，111，113，114，131，168，177，205，208，224，227

von Nuemann 瓶颈 9，79，114，205

WAN 大范围网 104

Williams，F.C.威廉斯 26

Wilson，Kenneth G.威尔逊 110，158

Wolfram，S.沃佛莱姆 85，177

WWW 万维网 106

Xerox 施乐公司 89

Zuse，K.祖瑟 34，36

后　记

　　1978 年 8 月，在庐山迎来了物理学会年会的召开，这是中断了 15 年后的一次年会，也是"文化大革命"后全国第一个大型学术性会议的举行。会议期间，在中国物理学会和科学出版社的共同组织下，成立了"物理学基础知识丛书"编委会。经过会前会上的反复讨论，确定了丛书编写的宗旨是以高级科普的形式介绍现代物理学的基础知识以及物理学的最新发展，要求题材新颖、风格多样，以说透物理意义为主，少用数学公式；文风上要求做到深入浅出、引人入胜，文中配置情景漫画插图。供具有大学理工科（至少具有高中以上）文化程度的读者阅读。

　　编委会还进行了选题规划、讨论了作者人选并明确了责任编委负责制等许多重大议题，为丛书的系统运作形成了一个正确可行的模式。

　　在此以后的几年中（20 世纪 80 年代），经过编委会、作者及出版社的努力，丛书共出版了 19 种。到了 90 年代，丛书又列选了一批优秀物理学家的作品，但由于种种原因，大部分未能按计划交稿出版，如《四种相互作用》《加速器》《波和粒子》《宇宙线》《表面物理》《表面声波》等。1992 年，为纪念物理学会成立 60 周年，我们第二次组织丛书编委会，将丛书中获中国物理学会优秀科普书奖的几种和新版的几种整合了 10 个品种，仍以"物理学基础知识丛书"的名义出版，使它得到了一个小小的复苏。因此，1978～1992 年间两次出版的"物理学基础知识丛书"共计 22 种。

　　"物理学基础知识丛书"在中外物理界产生了很好的影响。整套丛书获物理学会优秀科普丛书奖，其中8种获优秀科普书奖；《从牛顿定律到爱因斯坦相对论》《漫谈物理学和计算机》《宇宙的创生》三书有繁体字版；《宇宙的创生》有英文和法文版；《漫谈物理学和计算机》获全国第三届科普优秀图书一等奖。有些书、有些章节已成为年轻学子心中的经典。

　　它的成绩是与许多物理界的人紧密相关的。严济慈、钱三强、陆学善、钱临照、周培源、谢希德等老一辈物理学家对这套书，从多方面进行了支持。忘不了陆学善老先生在1978年暑热的天气，颤颤巍巍地拄着拐杖从家中走到物理所开会的情景，始终记得他曾说过的一句话："不要用我们已有的知识去轻易否定我们未知的东西。"

　　"物理学基础知识丛书"的编委和作者是一支十分杰出的队伍。记得一次物理学会的常务理事会在物理所举行工作会议，会上，物理学会要成立"科普委员会"，在讨论人选时，王竹溪先生指着"物理学基础知识丛书"编委会的名单说："这些人组成科普委员会正好。"之后，果真物理学会科普委员会的大部分成员都是"物理学基础知识丛书"编委会的编委，而主编褚圣麟成为第一届科普委员会的主任。"物理学基础知识丛书"的编委和作者前后约50余人，粗略统计一下，其中学部委员（院士）7人，大学校长3人，科学院级所长2人，大学物理系主任5名，副主编吴家玮和《超流体》的作者是美籍华人。编委或作者，他们所做的工作都是艰苦的。编委亲自推荐作者、参与组稿、和作者一起讨论撰稿提纲，每位编委都要专门负责几部书稿，详细审查书稿，写下书面审稿意见，跟作者面对面地讨论书稿。丛书的副主编吴家玮虽然人在国外，但工作却是认真又出色，他在美国华人物理学家里为丛书组稿，他作为责任编委对自己负责的稿件《超导体》所写的几次审稿意见就达一万多字。副主编汪容承担了当时丛书进展的主要环节，他策划选题、物色作者、带着编辑组稿，真是全身心地投入。20世纪80年代，几乎每一次全国性大型物理学会议的间隙和晚上都是我们编委会的编务工作之时。值得提及的是，编委们所做的这些工作都是没有报酬的，那时也没有人有过意见，尽管要耗费许多精力和时间，他们仍是任劳任怨、乐此不疲。当时学术界对做科普甚至是蔑视的。物理学家李荫远先生在 1988 年为《相变和临界现象》写过一份评奖的推荐就是佐证：

"……该书为精心撰写的入门性著作，又是高级科普读物，同类型的在国际出版界实不多见。因为，写这样的书下笔前要在大量的文献中斟酌取舍，下笔时为读者设想，行文又要推敲，很费时间；同时还不能算作自己的研究成果，我认为对这样的书写得好的应予以嘉奖。"

"科普著作不算研究成果"这是人所共知的。丛书中有几位学部委员接受了我们的约稿，那是他们自己对写科普有兴趣有能力，他们并不介意算不算成绩。但是，"不算成绩"对大部分编委和作者的确是形成了压力造成了障碍的。

对作者而言，写出一部高级科普并不比写一部专著更省力。那时编委会做出了一个不成文的规定，就是每部书稿成文之前，务必要有一个表现过程，最好是到读者对象——理科大学生中间去讲一讲，以此来了解读者的需要，检验内容的深浅。这样一来，我们的作者，在大学的讲台上，在国内的讲学过程中，在出国进行学术交流活动中，都完全地将自己要完成的科普著作与科研教学工作联系起来了。

作为责任编辑，我有幸参与了"物理学基础知识丛书"多次的"表现过程"。我曾聆听过许多作者和编委对他们书稿的诠释。几十年来的愉快合作，我和他们中的许多人成了相知相敬的好朋友，使我终身受益无穷。当丛书的发展受阻，我面临重重困难失去信心时，总有他们的帮助和鼓励，这才有了 1992 年"物理学基础知识丛书"第二次 10 本的推出。

20 世纪 90 年代后期，国内许多出版社大量翻译引进国外系列高级科普读物，中国科学院对科普读物的重视程度也不可同日而语了。

在一些传媒举行的著名科学家座谈会上，百名科学家推荐的优秀科普读物中，"物理学基础知识丛书"中的多种跃然纸上……今天，重视科普的大环境，又让老树开出了新花，"物理学基础知识丛书"中 5 种得以修订再版。我们也期待着丛书中其他同样优秀、值得再版的书早日与读者见面。

20 几年过去，科学和技术翻天覆地地改变了世界，信息世界中有了计算机，丛书中《漫谈物理学和计算机》中的许多预言都已变成了现实。一些关注"物理学基础知识丛书"的老一辈物理学家已永远离开了我们，当年"物理学基础知识丛书"的作者和编委，现在大都还奋战在物理学前线或以物理为基础进军高科技研究。借2005世界物理年的契机，我们将新的丛书名定为"物理改变世界"。自1905年至今，爱因斯坦所做出的理论和物理学的其他成就，无疑已经彻底改变了人类的生产和生活，改变了整个世界。推出这套书是对世界物理年全球纪念活动的积极响应，也是"物理学基础知识丛书"全体编委和作者合作推动我国科普事业而进行的又一次奉献！我们希望这套书能在唤起公众对物理的热情上起到一点作用，并以此呼唤、回答和感谢"物理学基础知识丛书"的所有编委和作者，期望"物理改变世界"能得到延续和发展。

姜淑华

2005 年 5 月 4 日

附：

"物理学基础知识丛书"

1981～1989年出版19种（按出版时间次序排列）

1. 从牛顿定律到爱因斯坦相对论　2. 受控核聚变

3. 超导体　　　　　　　　　　4. 超流体

5. 等离子体物理　　　　　　　6. 环境声学

7. 相变和临界现象　　　　　　8. 物态

9. 从电子到夸克——粒子物理　10. 原子核

11. 能　　　　　　　　　　　12. 从法拉第到麦克斯韦

13. 半导体　　　　　　　　　14. 从波动光学到信息光学

15. 共振　　　　　　　　　　16. 神秘的宇宙

17. 宇宙的创生　　　　　　　18. 漫谈物理学和计算机

19. 物理实验史话

"物理学基础知识丛书"编委会

主　编　褚圣麟

副主编　马大猷　王治梁　周世勋　吴家玮(美)汪　容

编　委　王殖东　陆　埈　陈佳圭　李国栋　汪世清　赵凯华

　　　　赵静安　俞文海　钱　玄　薛玉友　潘桢镛

"物理学基础知识丛书"再版

1992年庆祝物理学会成立60周年再版7种，新版3种、共10种

1. 超导体
2. 环境声学
3. 相变和临界现象
4. 物态
5. 从电子到夸克——粒子物理
6. 从法拉第到麦克斯韦
7. 从波动光学到信息光学
8. 漫谈物理学和计算机
9. 晶体世界
10. 熵

"物理学基础知识丛书"第二届编委会

主　编　马大猷

副主编　吴家玮(美)　汪　容

编　委　王殖东　陆　埈　冯　端　杜东生　陈佳圭　赵凯华
　　　　赵静安　俞文海　潘桢镛　张元仲　姜淑华

"物理改变世界"

2005年为世界物理年而出版

数字文明：物理学和计算机　　郝柏林　张淑誉　著

边缘奇迹：相变和临界现象　　于　渌　郝柏林　陈晓松　著

物质探微：从电子到夸克　　陆　埈　罗辽复　著

超越自由：神奇的超导体　　章立源　著

溯源探幽：熵的世界　　冯　端　冯少彤　著